KB125255

옛글의 나무를 찾아서

옛글의 나무를 찾아서

권경인 지음

이유출판

목차

머리말

경북 안동의 산골 마을이 고향인 나는 시골 선비셨던 조부님의 영향으로 평생 주경야독하시던 선친으로부터 어린 시절에 한문을 배우면서 자랐다. 산이며 들에 자라는 온갖 나무와 풀, 꽃을 좋아했지만 대부분 이름은 몰랐다. 사실 식물 이름을 알고 싶었지만 산골 학교에는 도감이 비치된 도서관도 없어서 알 수 있는 방법이 없었다. 혹 산골에서 부르던 이름이 있어도 정확한 것은 아니었다. 어렸을 때 시골집 뒤에 '가동나무'라고 부르던 나무가 있었다. 곧고 커다란 아름드리로 자란 이 나무는 잎사귀를 떨어낸 겨울이 되면 열매 송이들을 주렁주렁 매달고 있었다. 동네 조무래기들과 뛰어놀면서, 눈 쌓인 밭에 송이째 떨어진 그 열매를 밟으면 바스락거리는 소리가 유난히 컸다. 이것은 아직까지도 내 뇌리에 남아있는 추억의 한 장면이다. 나무 이름에 관심을 기울이던 10여 년 전에 비로소 나는 이 가동나무가 바로 참죽나무임을 알게 되어 얼마나 기뻤는지 모른다. 참죽나무는『장자』소요유逍遙遊 편에 등장하는 장수하는 나무 춘椿이다.

7~8년 전에 한 친구로부터 전문가가 가장 신뢰하는 우리나라 나무 도감인『한국의 나무』를 얻어보고, 이 책을 공저한 김태영 선생도 소개받았다. 드디어 나무 이름을 알아가는 식물애호가의 길로 접어들 수 있게 된 것이다. 우리나라에 자라는 나무들 이름 정도만 알고 싶었던 내가 고전의 한자 식물명에 대해 관심을 기울이게 된 계기도 김태영 선생과의 대화였다. 아마도 2016년 무렵이었

다고 기억하는데, 어느 날 김태영 선생과 천마산을 걷다가 대화 자락이 팔공산 동화사桐華寺의 동동이 벽오동인지 오동나무인지에 이르렀다. 쉽지 않은 주제였지만 나는 어줍잖게, "화華는 나무에 꽃이 핀 모양을 뜻하는데, 오동나무가 잎이 나기 전에 꽃이 화려하게 피는 데 반해 벽오동은 잎이 난 후에 꽃이 피므로 동화사의 동桐은 오동나무를 말할 가능성이 크지요."라고 말했다. 하지만 의견은 분분했고 쉽게 결론을 내릴 수 없었다. 바로 이 대화 자락 덕분에 나는 고전의 한자어로 표기된 식물이 정확히 어떤 식물인지 밝히는 데 관심을 기울이게 되었다. 고전에서 한자로 표현된 식물들이 우리가 생활하면서 만나는 구체적인 나무나 꽃, 풀임을 알게 되면 고전의 내용을 더 생생하고 바르게 이해할 수 있을 것이기 때문이다.

우선 어릴 때 선친과의 추억이 서려있는 『천자문』의 한 구절인 '존이감당存以甘棠 거이익영去而益詠(감당 아래에 머물며 정사를 배푸니, 떠난 후에 더욱 그 덕을 노래한다)'의 감당甘棠이 무엇인지 조사해보았다. 흔히 옥편에서 감당을 팥배나무로 설명하는데 이것이 사실인지 확인하고 싶었던 것이다. 당시 국내에서는 고전의 식물을 연구한 전문 서적을 찾을 수 없었다. 그러나 이 과정에서 중국이나 일본의 학자들이 고전 속 한자 식물명을 현대의 학명으로 밝힌 연구 문헌들이 있다는 사실을 알게 되었다. 드디어 2016년 중국 북경으로 출장을 다녀올 기회가 생겼을 때, 지인의 도움으로 구매한 책이 반부준潘富俊이 쓴 『시경식물도감』, 『초사식물도감』, 『당시식물도감』, 『성어식물도감』 등이었다. 『시경식물도감』을 보고서 감당은 학명이 *Pyrus betulifolia*로 우리나라에는 자생하지 않으며, 팥배나무라기보다는 콩배나무에 가깝다는 사실을 알게 되었다. 또한 시경의 첫머리를 장식하며, 젊은 시절 내가 읊조리기도 했던 '요조숙녀窈窕淑女는 군자호구君子好逑'의 행채荇菜가

마름이 아니라 노랑어리연꽃이라는 사실도 알게 되었다. 나는 이때의 감동을 짧게 적어서 고향에서 발간되는 격월간 교양지《향토문화의 사랑방 안동》에 독자투고를 했는데, 그 글이 채택되어 활자화되는 기쁨도 누렸다.

그때부터 나는 좀 더 진지한 식물애호가가 되었고, 고전 속의 식물 공부가 나의 취미생활이 되었다. 그리고 우리나라 학자가 저술한 최초의 식물도감이라고 할 수 있는 1943년판 정태현의『조선삼림식물도설』등 식물명 공부를 위한 각종 참고문헌도 수집하기 시작했다. 특히 2018년 봄부터는 김태영 선생이 주도하는 식물 답사 모임 '열두 달 숲'에 참여하여 매달 한 번씩 전국을 다니면서 나무 공부를 하고 고전 속의 식물 이야기를 쓰기 시작했다. 한 달에 한 편 정도는 써 보자고 마음먹었는데, 해가 거듭되자 편 수가 꽤 많아졌다. 혹시 관심있는 독자들에게 도움이 될지도 모른다는 생각에, 2020년부터는 예의《향토문화의 사랑방 안동》에 정기적으로 투고하여 활자화했다. 2020년 말부터는 드디어 브런치라는 글쓰기 플랫폼을 활용하기 시작했다. 그동안 썼던 글을 다듬고 새로 쓰기도 하면서 꾸준히 브런치에 게재했고, 글이 10편이나 20편 모이면 '옛글의 식물을 찾아서'라는 제목으로 브런치북을 발간했다.

이렇게 글을 쓰면서 참고한 문헌의 상당수가 한문 전적들인데, 이때 어린 시절 선친에게 배운 한문과 선친의 뜻을 이어받아 조부님의 문집『경와유고』를 번역해서 출간했던 경험이 한문 독해에 큰 힘이 되었다. 선친께서는 내게『천자문』이며『명심보감』,『맹자』등 한문을 가르치면서도 당신은 문리를 깨우치지 못했다고 하셨다. 내가 조부님을 이어받아 문리를 깨우쳤으면 좋겠다는 말씀도 자주 하셨다. 이런 가르침 덕분에 나는 비록 문리는 깨우치지 못했어도 옥편 등을 참고하여 겨우 한문의 뜻을 헤아릴 수 있게 되었다.

사실 나는 고교 시절 선친의 바람을 뒤로하고 영어보다는 수학이 쉽다는 이유로 이과를 선택했다. 대학도 이과 계열인 서울대학교 계산통계학과로 진학했다. 그 후 KAIST에서 정보통신공학을 전공하여 박사학위도 받았다. 그리고 대학을 졸업한 직후부터 약 30여 년 간 정보통신산업 분야 회사에서 각종 통신장비, 특히 이동 통신장비의 개발 및 공급 관련 일을 했다. 한문 고전이나 식물과는 관련이 전무한 분야에서 일해온 셈이다. 구태여 내가 종사했던 정보통신 분야와 고전의 식물 연구와의 인연을 찾는다면, 『조선왕조실록』 등 중요한 한문 전적의 상당수가 전산화되고 데이터베이스로 축적되어서, 누구나 언제 어디서나 검색할 수 있게 되었다는 점이다. 옛날에는 거의 외길로 박람강기博覽强記를 통해서만 한문을 이해할 수 있었다면, 지금은 박람강기 대신 전산화된 한적 데이터베이스 검색을 통해서도 한문을 이해할 수 있는 길이 열린 것이다.

내가 가장 많이 검색한 곳이 '한국고전종합DB'와 '중국식물지' 등이다. 이는 정보통신 기술의 비약적인 발전이 없었다면 불가능했을 일이다. 하여간 내가 직업인으로 종사한 정보통신 분야의 발전이 한문 전적의 전산화에 도움을 많이 주었다고 생각한다. 이 자리를 빌려 특히 '한국고전종합DB'를 구축하고 운영하는 한국고전번역원 관계자들에게 깊은 감사의 마음을 표한다. 이 DB가 없었다면 내 글쓰기는 애초에 불가능한 것이었다. 하지만 이렇게 전산화된 한적 자료를 활용해도 한자명에 해당하는 정확한 식물 이름을 알아내는 과정은 쉽지 않은 일이었다.

예를 들어보자. 『일성록』 정조10년(1786)의 기록에, 월송만호越松萬戶 김창윤金昌胤이 울릉도의 나무를 열거하는 부분이 있다. 즉, "대풍소待風所에서 바라보니, 수목으로는 동백나무(冬栢), 측백나무(側栢), 향목香木, 단풍나무(楓木), 회목檜木, 음나무(欜木), 오동나무(梧桐), 뽕나무(桑), 유楡, 단목檀木"이 있다고 했다. 이 가운데 회檜는 보통 향나무 혹은 전나무를 지칭한다. 그러나 향목香木과 회檜가 서로 다른 나무를 지칭하는 것으로 기록되어 있다. 이 경우 향목이 향나무일 것이므로 회檜는 자연스럽게 전나무를 표현한 것으로 생각할 수 있다. 그렇지만 울릉도에는 전나무가 자생하지 않는다는 사실을 알면 회檜를 전나무로 볼 수가 없다. 대신 전나무 비슷한 수형을 가진 솔송나무가 울릉도에 자생하므로, 결국 회檜를 솔송나무로 봐야 할 것이다.

예를 하나 더 들어보자. 『세종실록지리지』를 보면, 제주목에서 공물貢物로 바치는 나무로 산유자목山柚子木, 비자목榧子木과 함께 이년목二年木이 등장한다. 『신증동국여지승람』에도 제주목 토산 나무로 비자榧子, 무환자無患子, 산유자山柚子, 노목櫨木 등과 함께 이년목二年木이 등장한다. 이 중 비자榧子는 비자나무, 무환자無患子는 무환자나무로 쉽게 추정할 수 있다. 그러나 언뜻 산유자나무로 추정할 수 있는 산유자山柚子는 실제로는 조록나무이다. 이것을 밝히는 것은 상당한 문헌 검토와 제주도 식생에 대한 이해가 필요하다. 더구나 이년목이나 노목에 이르면 도무지 짐작하기도 쉽지 않다. 이중 노목은 일부 학자들이 녹나무로 해설하지만, 이년목은 대부분 번역에서 어떤 나무인지를 특정하지 못하고 있을 뿐 아니라, 일부에서는 2년생 나무로 해석하기도 한다.

이렇게 고전 속의 나무는 한자를 알고 한문을 이해할 수 있다고 해서 정확히 특정할 수 있는 문제는 아니다. 이에 더해 식물의 형태와 생리는 물론 그 지역의 자연환경을 포함한 식생 전반에 관해 알아야 하는 것이다. 제주도 토산의 이년목二年木이 무엇인지 알자면 제주도 식생과 각종 나무의 성질을 알고, 동시에 여러 문헌에서 사용된 용례를 검토해야 한다. 이년목의 경우,『조선왕조실록』등에서 아주 단단한 나무로 창槍 자루를 만들 때 사용한다고 했다. 이규경李圭景의『오주연문장전산고』에 나오는, "고저苦櫧를 민간에서 가사나무(哥斯木)라고 부르는데 탐라耽羅에서 나는 이년목二年木이다."라는 기록을 더 참고하면, 이년목을 가시나무류로 추정할 수 있다. 상록성 참나무류인 붉가시나무, 종가시나무, 참가시나무 등은 제주도와 남해안 일대에서 자라며, 그 목재의 재질이 단단하고 강인하다고 한다. 이순신의『난중일기』중 1595년 11월 27일자에 "김응겸金應謙이 이년목二年木을 베어 올 일로 목수 5명을 데리고 갔다."라고 기록했는데, 이는 가시나무가 남부 지방에도 자라며 군수용으로 사용했다는 점을 반증한다. 이처럼 문헌 연구와 식생 조사를 통해 서로 교차 검증하여 교집합을 찾을 때, 옛글 속 식물의 좀 더 정확한 실체가 드러난다.

이 책은 현장 답사를 통해 알게 된 식물에 대한 일천한 지식을 바탕으로 각종 문헌을 참고하면서 고전의 식물을 찾아보고 감상한 것을 기록한 것이다. 글을 쓰는 과정에서 느낀 점은, 어떤 측면에서 옛글 속의 한자가 뜻하는 식물은 추정은 가능하지만 정확한 이름을 밝히기란 사실상 불가능한 경우가 많다는 점이었다. 왜냐하면 한자어 하나가 복수의 식물을 지칭하는 경우가 많고, 옛글의 저자가 그 한자어로 어떤 식물을 표현했는지는 저자 자신이 아니면 알기 어렵기 때문이다. 예를 들면,『논어』의 유명한 구절인 "날씨가 추워진 뒤에야 송백松柏이 뒤늦게 시듦을 알 수 있다."에서 백柏이라는 글자이다.『논어』에서 이 글자는 측백나무를 뜻하지만, 우리나라에서는 잣나무도 뜻했으므로 선인들은 이 글자로 잣나무를 표현했을 가능성도 있는 것이다. 앞에서도 말했듯이 회檜라는 글자도 향나무, 전나무, 심지어 솔송나무를 뜻할 수도 있다. 그러므로 오직 글의 문맥과 식생을 잘 살펴서 사실에 가장 가깝다고 생각되는 식물로 이해할 수밖에 없다.

이런 사정을 감안하면, 고전의 한자 식물명 번역에서 오류는 어쩌면 불가피한 점이 있다. 내가 이 책에서 서술한 내용도 오류가 아예 없다고는 단정하지 못한다. 하지만 이 책은 고전의 식물 이름에 대해서 사실이거나 사실에 조금이라도 더 다가가기 위한 필자의 다년간에 걸친 노력의 산물이라고 자부하는 바이다. 혹시나 있을지 모르는 오류에 대해서는 강호제현의 질정을 바란다. 인터넷으로 온갖 정보가 범람하는 시기에, 고전의 식물명에 대한 올바른 정보가 조금이라도 더 확산되는 데 이 글이 보탬이 되었으면 좋겠다. 더 나아가 고전을 번역하는 학자들이나 번역가 중 단 몇 사람에게라도 이 글이 도움이 된다면 필자로서는 큰 기쁨이자 영광이겠다.

나를 아름답고도 멋진 식물의 세계로 이끌어 준 김태영 선생에게 우선 감사의 뜻을 전한다. 이웅 선생, 류인선 화백, 양성준 선생 등 '열두 달 숲' 모임에 지속적으로 참여하여 여러 해 동안 동고동락한 식물애호가분들에게도 이 자리를 빌어 감사의 말씀을 드린다. 이 책에 실린 사진은 대부분 내가 열두 달 숲 답사 과정에서 촬영한 것이다. 언제나 내가 쓴 글을 브런치북에 게재하기 전에 먼저 읽어주고 글의 흐름을 다듬어준 평생의 반려자 양순아의 격려가 없었다면 이 책은 세상에 나올 수 없었을 것이다. 감사의 마음을 전한다.

제10회 브런치북 출판 프로젝트에 응모한 졸고를 살펴보고 선뜻 출판의 뜻을 밝혀주신 이유출판의 이민 대표님과 유정미 대표님께는 어떻게 감사의 마음을 다 표현해야 할지 모르겠다. 젊은 시절부터 가져왔던 내 꿈 중 하나는, 나무에서 만들어지는 종잇값

이 아깝지 않게 사회에 보탬이 되는, 내 이름으로 된 책 한 권을 출판하는 것이었다. 이 꿈을 이루게 해준 분들이니 감사하는 마음은 더욱 깊을 수밖에 없다. 아울러 무명의 필자와 출판사를 연결해주고 나에게 특별상의 영예를 안겨 준 브런치북 프로젝트팀 여러분들에게도 감사드린다. 마지막으로 귀중한 시간을 할애하여 이 책을 읽고 좋은 의견을 주신 강판권 교수님과 이선 교수님께도 깊은 감사의 말씀을 드린다.

필자의 식물에 대한 지식이 더 늘어나면 내가 썼던 글의 부족함에 대한 아쉬움이 더 커질 것이다. 그러나 나는 앞으로도 계속 식물애호가의 삶을 살아나갈 것이다. 특히, 이 책에서 다루었듯이 설악산과 한라산 꼭대기 같은 고산지대의 식물이나, 희귀 식물이라서 내가 아직 자생 환경에서 감상하지 못한 식물들이 있다. 들쭉나무, 눈향나무, 솔송나무, 좀목형 등이다. 나는 적어도 이 나무들을 자생지에서 만나는 큰 기쁨을 다 누릴 때까지는 계속 숲을 걷고 있을 것이다. 우리 모두 식물 환경을 잘 보존하여 우리 후손들도 희귀종을 포함하여 고전의 식물을 현장에서 감상하는 기쁨을 계속 누릴 수 있도록 해야겠다.

감당甘棠

좋은 정치를 상징하는 나무 감당

팥배나무 열매(2017. 11. 26. 관악산)

『천자문』에 『시경』에서 인용한 '존이감당存以甘棠 거이익영去而益詠'이라
는 구절이 있다. 직역하면 '감당 아래에 머무니, 떠남에 더욱 읊는다'인데,
언뜻 그 뜻을 다 헤아릴 수는 없다. 이 구절을 이해하려면 역사 속의 고
사 한 토막을 알아야 한다. 주周나라 소백召伯이 섬서陝西 지방을 다스릴
때 감당나무 아래에서 선정을 베풀어 백성들의 존경을 받았다고 한다.
그래서 백성들이 이것을 노래로 만들어 불렀으며, 이 노래가 『시경』 국풍
國風 소남召南에 감당甘棠이라는 제목으로 채록되어 있다. 소召는 지금의
섬서陝西성 지역이다. 흔히 이 감당을 우리나라에서는 옥편이나 사전의

팥배나무 꽃(2022. 5. 8. 안산 구봉도)

영향으로 팥배나무(*Sorbus alnifolia*)로 알고 있는 경우가 많다. 예를 들면, 민중서림 『한한대자전』에서 당棠을 팥배나무, 산앵도나무, 또는 산이스랏나무로 풀이하고 있는 것이다.

나도 우리나라에서 자라는 나무들을 알아가던 초기에 팥배나무를 알게 되었는데, 이 나무가 감당甘棠이라는 말을 듣고 특히 더 관심을 가졌던 적이 있다. 5월에 꽃이 화사하게 필 때나, 매끈한 회색 수피를 가진 곧고 훤칠하게 자라는 모습, 특히 팥같이 생긴 작은 붉은 열매를 수없이 달고 있는 겨울의 팥배나무는 가히 일품이어서, 선정을 상징하기에 부족함이 없는 듯했다.

하지만 『시경식물도감』에는 감당을 중국명 두리杜梨 혹은 당리棠梨인 *Pyrus betulifolia*로 설명하고 있다. 『중약대사전』에서도 당리棠梨를 *Pyrus betulifolia*라고 했고, 이명으로 두杜와 감당甘棠 등을 들고 있다. 그런데 *Pyrus betulifolia*는 우리나라에 자생하지 않으며, 국립수목원에서 발간한 『국가표준재배식물목록』에 자작잎배나무로 실려 있는 것으로 보아 현대

옛글의 나무를 찾아서

에 도입된 듯하다. 이 감당은 『본초강목』에서 당리棠梨의 이명으로 다음과 같이 소개되어 있다.

"당리棠梨. … 『이아』에서 두杜, 감당甘棠이라고 했다. 붉은 것이 두杜이고 흰 것이 당棠이다. 혹자는 암나무를 두杜라고 하고 수나무를 당棠이라고 한다. 또 혹자는 맛이 텁텁한 것을 두杜라고 하고 단 것을 당棠이라고 한다. 두杜는 텁텁함을 뜻하고 당棠은 사탕을 뜻한다. 세 가지 설이 모두 통하지만 마지막 설이 맞는 것 같다. … 당리棠梨는 야리野梨인데, 산과 숲 곳곳에 있다. 나무는 배와 비슷하지만 작고, 잎은 삽주 잎 비슷하지만 둥근 것, 세 갈래 난 것도 있다. 잎 가에 모두 톱니가 있고 색은 자못 검푸른 흰색이다. 2월에 흰 꽃이 피고 작은 멀구슬나무 열매 같은 열매를 맺는데 씨앗은 크며, 서리가 내린 후 먹을 수 있다. 배나무를 접붙이는 나무로 매우 좋다."*

『본초강목』의 당리 잎 모양 설명을 보면 팥배나무보다는 아그배나무(*Malus sieboldii*)를 설명하는 것 같기도 하다. 왜냐하면 아그배나무 잎이

팥배나무 잎과 열매(2019. 10. 3. 청계산)

팥배나무 겨울 모습(2021. 1. 1. 인천 천마산)

일반적인 좁은 타원형인 것도 있고 3~5갈래 큰 결각이 지기도 하며 가장자리에 톱니가 있기 때문이다. 이 아그배나무의 중국명은 삼엽해당三葉海棠으로, 감당과는 당棠 자를 같이 쓰고 있다. 반면 팥배나무의 중국명은 수유화추水楡花楸이다. 이러한 『본초강목』의 설명을 통해 감당이 팥배나무가 아니라는 것을 알 수 있다. 그렇다면 감당의 현대 중국명인 당리棠梨와 가까운 우리나라 나무가 무엇일까?

『한국의 나무』에서 배나무속(Pyrus)의 나무를 찾아보면 산돌배나무(Pyrus ussuriensis)와 콩배나무(Pyrus calleryana)가 나온다. 산돌배나무의 현대 중국명은 추자리秋子梨, 산리山梨, 야리野梨이고, 콩배나무의 중국명은 두리豆梨, 두리杜梨 등으로, 이름에서도 감당 즉 당리와 유사성을 엿볼 수 있다. 『중국식물지』에서 당리棠梨의 설명을 보면, 8~9월에 익는 열매 크기가 5~10mm이고 담색 반점이 있다고 했는데, 이것으로 보면 당리는 열매 크기가 2~6cm에 달하는 산돌배나무보다는 1cm가량인 콩배나무와 더 가깝다고 하겠다. 이제 『천자문』 등 고전에서 감당을 만나면 팥배나무보다는 콩배나무를 떠올리는 것이 좋겠다.

옛글의 나무를 찾아서

콩배나무 꽃(2023. 4. 8. 인천 계양산)

이밖에 『시경』에는 당풍唐風 체두杕杜 편에 두杜, 진풍秦風 종남終南 편에 당棠이 나오는데, 모두 *Pyrus betulifolia*를 말한다. 문헌을 검토해보면 우리나라에서도 두杜와 당棠을 감당과 같은 나무로 인식하고, '아가외', '아가위' 혹은 '아가배'로 불러 왔다. 즉, 최세진崔世珍(1468~1542)의 『훈몽자회』에서 당棠을 '아가외당'이라고 했고, 『자전석요』에서 당棠을 "두杜이다. 아가배 당", 두杜를 "감당甘棠이다. 아가배 두"라고 했고, 『한선문신옥편』에서도 당棠을 '아가위 당', 두杜를 "아가배 두, 과일 이름으로 감당甘棠이다."라고 했다.

유희柳僖(1773~1837)의 『물명고』와 『광재물보』에서는 산사山樝를 '아가외'라고 설명했는데, 이우철의 『한국식물명의 유래』를 보면 아가위나무는 "산사나무, 털야광나무와 야광나무의 이명"으로, 아그배나무는 "산사나무(함북 방언)와 야광나무(강원)의 이명으로 사용"했다고 했으므로, 아가외/아가위/아가배는 옛날 우리나라에서 산사나무나 야광나무, 아그배나무 류를 지칭했다고 볼 수 있다. 이 나무들은 모두 장미과에 속하고 봄에 잎과 함께 혹은 잎이 난 후 나무 가득히 흰 꽃이 피는 나무들이다. 팥배나무나 콩배나무도 마찬가지다. 이런 상황에서 우리나라에서 자라지 않는 나무인 감당甘棠에 대해 혼동을 일으킨 것은 어쩌면 너무나 당연한 일일지도 모른다.

좋은 정치란 무엇일까? 신분제가 있던 왕조시대의 선정과 현대 민주주의 사회의 좋은 정치는 다른 모습일 것이다. 우리나라는 사람이 곧 하늘이라는 인내천人乃天 사상에 입각하여 1894년 동학혁명이 일어나고, 갑오경장을 통해 노비 제도가 혁파될 때까지 신분제가 제도적으로 존재했다. 아무리 국왕이 덕치德治를 베풀고 신하들이 선정을 베푼다 해도, 신분의 족쇄에 걸린 백성은 구렁텅이를 벗어날 길이 없었다. 이런 측면에서 보면, 현대 민주주의 사회는 누구나 자유와 인권을 누릴 수 있고 법 앞에 평등하며 법에 어긋나는 행위를 했을 때만 개인의 자유를 구속받게 되므로, 오로지 위정자들의 덕치나 선정을 고대했던 왕조시대와는 비교할 수 없이 좋은 사회라고 할 수 있겠다. 아무튼 민주주의 사회에서 위정자들은 권력을 국민들로부터 위임받은 것임을 명심하고, 주권자 개개인의 자유와 인권을 존중하면서 공공선을 위해서만 권력을 행사해야 할 것이다.

왕조시대에도 왕의 덕치에 의해 좋은 정치가 행해지면 백성들 삶은 조금이라도 더 풍요로워졌을 것이다. 춘추시대의 대표적인 선정의 흔적이 『시경』에 '감당甘棠'이라는 제목으로 채록되었고, 또 『천자문』에 '존이감당存以甘棠 거이익영去而益詠'으로 인용되면서 감당나무와 소백召伯은 고전에서 좋은 정치의 상징이 되었다. 이제 시대의 흐름에 맞는 훌륭한 정치를 기원하며, 콩배나무를 떠올리면서 「감당甘棠」 시 전편을 감상해보자.**

무성한 저 감당 나무	蔽芾甘棠
베지도 말고 치지도 말라.	勿翦勿伐
소백님이 머무신 곳이라네.	召伯所茇

무성한 저 감당 나무	蔽芾甘棠
베지도 말고 꺾지도 말라.	勿翦勿敗
소백님이 쉬셨던 곳이라네.	召伯所憩

무성한 저 감당 나무	蔽芾甘棠
베지도 말고 휘지도 말라.	勿翦勿拜
소백님이 머무셨던 곳이라네.	召伯所說

우리나라에서 팥배나무와 산돌배나무는 전국의 산지에서 만날 수 있지만, 콩배나무는 경기도 이남의 낮은 산지에 드물게 분포한다. 나는 2018년 5월 오산의 물향기수목원에서 콩배나무 꽃을 처음 보면서 감당을 떠올렸다. 그해 8월 충청북도 옥천의 둔주봉을 오르는 길에 콩배나무를 운 좋게도 만났다. 벌써 잎은 일부 지기 시작했는데, 담색 반점이 있는 작은 열매들이 매달려 익어가고 있었다. 바쁜 일정 때문에 그 콩배나무 아래에서 선정을 떠올릴 겨를은 없었지만, 다음에 잘 자란 콩배나무를 만나면 그 아래에서 잠시라도 쉬면서 '존이감당 거이익영'을 읊조리며 현대의

콩배나무 열매(2018. 8. 17. 옥천 둔주봉)

좋은 정치를 기원해야겠다.

* 棠梨. 時珍曰 爾雅云 杜 甘棠也 赤者杜 白者棠 或云牝曰杜 牡曰棠 或云 澀者杜 甘者
棠 杜者澀也 棠者糖也 三說俱通 末說近是 … 時珍曰 棠梨 野梨也 處處山林有之 樹似
梨而小 葉似蒼尤葉 亦有團者 三叉者 葉邊皆有鋸齒 色頗黤白 二月開白花 結實如小楝
子大 霜後可食 其樹接梨甚嘉 -『本草綱目』
** 『시경』(이가원, 허경진 공찬) 참조

옛글의 나무를 찾아서

계桂

선녀와 토끼가 살고 있는 달나라의 계수나무는?

은목서(2019. 10. 6. 순천 선암사)

> 푸른 하늘 은하수 하얀 쪽배엔
> 계수나무 한 나무 토끼 한 마리
> 돛대도 아니 달고 삿대도 없이
> 가기도 잘도 간다 서쪽 나라로

윤극영(1903~1988)의 동요 「반달」의 한 구절이다. 이 노래를 웅얼거리던
어린 시절부터 나는 계수나무가 보고 싶었다. 꽤 오래전 가을이 깊어가
던 어느 날 어리던 아이들을 데리고 서울대공원에 갔다가 드디어 계수나

무(*Cercidiphyllum japonicum*) 팻말을 달고 있는 나무를 만났다. 하늘을 향해 곧고 크게 자란 나무였고, 하트 모양의 아담한 잎은 노란색으로 물들어 있었다. 계수나무라 왠지 시적으로 느껴졌다. 계수나무는 중국 남부와 일본 원산으로, 내가 살고 있는 아파트 단지 사이의 공터에도 몇 그루 자라고 있는 것을 발견하여 자주 감상하는 활엽수이다.

하지만 이 계수나무는 달나라 설화 속의 계수나무가 아니라는 소리가 들렸다. 이 나무는 일제강점기에 일본에서 들여와서 조경수로 심어졌는데, 일본명 '계桂(가쯔라)'를 '계수나무'로 번역하면서 나무 이름으로 정해졌다고 한다. 하지만 중국에서는 연향수連香樹라고 하여 계桂와는 인연이 멀다. 또 잎을 요리에 향료로 사용한다는 월계수月桂樹(*Laurus nobilis* L.)도 찾아보았다. 영어로 Laurel이라고 부르는 이 나무는 일본이 서양 문명을 도입할 때 '월계수月桂樹'로 명명하면서 우리나라도 월계수로 부르게 된 나무이다. 지금은 우리나라에도 도입되어 남부 지방에서 재배하는 상록수이고 고대 그리스에서 월계관을 만드는 데 사용했던 나무이지만, 지중해 원산이라서 달나라 설화 속 계수나무로 보기는 어려웠다. 그렇다면 달나라에 있다는 계수나무는 무슨 나무란 말인가?

동요 「반달」의 배경이 되었을 달나라 계수나무 설화는 명확한 출전을 찾기가 쉽지 않았다. 『회남자』 남명훈覽冥訓 편에 "예羿가 서왕모西王母에게 불사약을 구했는데, 항아姮娥가 훔쳐서 달나라로 도망갔다."*라는 구절과, 당나라 때 편집된 『유양잡조』에 "옛말에 달나라에 계桂와 두꺼비가 있다고 한다. 그리고 어떤 책에서 달나라 계桂는 키가 500장丈인데 그 아래에 한 사람이 항상 도끼로 자르고 있다가 나무와 하나가 되었다. 그 사람 성명은 오강吳剛으로 서하西河 사람이다. 신선을 배우다가 잘못하여 귀양가서 나무를 베는 벌을 받았다."**라는 내용이 있다. 아마도 이것이 각색되어 전해진 것으로 짐작한다. 달에 두꺼비와 토끼가 있다는 내용은 『고금합벽사류비요』 등에 보인다. 이제 이 달나라 계수나무가 무엇인지

계수나무(2021. 1. 1. 인천)

계수나무 잎(2021. 4. 24. 오산 물향기수목원)

알아보기로 한다.

흔히 계수나무로 불리는 계桂는 중국의 고대 북방 문학의 대표인 『시경』에서는 찾을 수 없다. 대신 남방 문학을 대표하는 『초사』에는 다음 구절을 포함하여 여러 곳에 나온다.

계 대들보여! 등골나물을 서까래에 얹고   桂棟兮蘭橑
자목련 처마여! 구릿대로 침실을 꾸미네.   辛夷楣兮葯房
- 구가九歌 상부인湘夫人

남쪽 고을이 따뜻하여 기쁘고,   嘉南州之炎德兮
계수가 겨울에도 꽃다워 아름답네.   麗桂樹之冬榮
- 원유遠遊

그윽한 산속에 뭉쳐 자라는 계수여!   桂樹叢生兮山之幽
가지는 엉켜있고 웅크린 모습 높아라!   偃蹇連蜷兮枝相繚
- 초은사招隱士

즉, 계桂는 대들보를 만들 수 있을 정도로 큰 나무로, 남방에서 겨울에도 늘 푸르며, 숲을 이루어 자라기도 하는 나무인 것이다. 반부준의 『초사식물도감』을 보면 이 계桂가 상록교목으로 크게 자라는 나무일 경우는 현대 중국명 육계肉桂(Cinnamomum cassia)이고, 소교목일 경우 중국명 계화桂花(Osmanthus fragrans)라고 했다. 그리고 계수桂樹로 표기되었을 경우에도 계화라고 설명했다. 『식물의 한자어원사전』에서도 계桂는 Osmanthus fragrans 혹은 Cinnamomum cassia를 가리킨다고 했다. 우리는 Cinnamomum cassia를 육계나무(계피나무)로, Osmanthus fragrans는 목서로 부르고 있다. 이로 보면 중국 고전의 계桂는 육계나무와 목서를 나타낸다고 하겠다.

금목서(2019. 10. 6. 순천 선암사)

『본초강목』을 살펴보면, 향목류에 계桂, 균계菌桂, 천축계天竺桂 등이 설명되어 있다. 우선 계桂에 대해서는 노계牡桂, 즉 『이아』의 침樳으로 보고, 별명으로 육계肉桂라고 하면서 현재의 육계나무를 설명하고 있다. 균계菌桂에 대해서는, "이 계桂는 어린 잎을 대통처럼 쉽게 말 수 있어서 옛날에는 통계筒桂를 썼다. … 균계菌桂 잎은 감나무 잎과 비슷하다고 한 것이 이것이다. … 요즘 사람들이 재배하는 암계嚴桂도 이 균계菌桂 종류로 조금 다른 것인데, 그 잎은 감나무 잎 같지 않다. 또한, 비파나무 잎처럼 톱니가 있고 꺼칠꺼칠한 것도 있고, 치자나무 잎같이 톱니가 없고 광택이 나고 매끈한 것도 있다. 바위 고개 사이에 모여 나는 것을 암계嚴桂라고 한다. 속칭 목서木犀인데 그 꽃이 흰 것을 은계銀桂, 노란 것을 금계金桂, 붉은 것을 단계丹桂라고 한다. 꽃이 가을에 피는 것, 봄에 피는 것, 사계절 피는 것, 달마다 피는 것이 있다. 그 껍질이 얇고 맵지 않은 것은 감히 약에 넣을 수 없는데 그 꽃은 거두어 쓸 만하다."***라고 했다.

『중약대사전』에서는 균계菌桂와 통계筒桂를 육계나무로 보지만, 뒤의 암

생달나무(2018. 4. 15. 여수 금오도)

계엄桂 설명 부분은 목서에 대한 것이다. 현재 중국에서 천축계天竺桂로 부르는 나무는 생달나무(*Cinnamomum japonicum*)인데,『본초강목』의 천축계도 이 나무이다. 생달나무 껍질도 계피桂皮로 쓴다. 이 중 생달나무 는 우리나라 남부 섬 지방에 자생하지만, 육계나무와 목서는 우리나라에 자생하지 않는다.

이제 우리나라에서는 계桂를 어떤 나무로 이해했는지 살펴보자.『훈몽자 회』에서는 "桂 계피 계", 즉 육계나무로 이해했다.『전운옥편』에서는 "桂계, 나무 이름, 백약 가운데 제일(木名 百藥之長)"로 소개된다. 육계나무에 가 깝게 설명한 것으로 보인다.『광재물보』에는 "桂계, 달에 있는 나무"로 소 개하고, 또 "桂계, 남쪽 지방의 산마루에 자라며, 겨울과 여름에 항상 푸 르다. 이 나무 종류는 저절로 숲을 이루는데 다른 나무가 자라지 못한다. 잎 크기는 비파나무 잎 같은데 단단하고 털과 톱니가 있다. 꽃은 황백黃 白 2가지 색이다. 침樰, 모계牡桂이다."****라고 자세히 나무의 형태를 설 명했는데, 이는『본초강목』에서 인용한 것으로 육계나무를 말한다.

옛글의 나무를 찾아서

생달나무 잎(2020. 11. 14. 제주 서귀포)

정약용은『아언각비』에서, "계桂는 남쪽 지방의 나무이다. 또한 균계菌桂
와 모계牡桂가 있다. 모두 약으로 쓸 수 있다. 중국에서도 오직 양자강 남
쪽에 있고, 우리 동방에는 자라는 곳이 없다."*****라고 했다. 그리고 조
선의 문인들이 시어로 쓴 계桂는 실제로 보고 쓴 것이 아니라고 했는데,
정약용도 주로 육계나무류를 설명했다고 볼 수 있다.

『자전석요』에는 "桂계, 백약 가운데 제일(百藥之長), 계수 계",『한선문신
옥편』에도, "桂계수나무(계), 나무 이름, 백약 가운데 제일(木名 百藥之
長)"로 기재되어 있다. 즉『자전석요』와『한선문신옥편』은『전운옥편』내
용을 가져오면서『훈몽자회』의 '계피' 대신 '계수나무'로 훈을 달았다.『한
일선신옥편』에서는 "桂계수(계), 약목이며 껍질이 두텁고 향기가 많다(藥
木 皮厚香多), 가쯔라"로 일본명을 도입했다. 물론 '가쯔라'는 우리 식물
분류의 계수나무(*Cercidiphyllum japonicum*)이지만 약으로 쓴다는 기록
은 찾기 어렵다. 현대의 민중서림『한한대자전』에서는 "桂 계수나무 계,
녹나무과의 상록교목"으로 설명하고 있다. 소항목 '계수桂樹'를 "녹나무
과에 속하는 열대지방에 나는 상록교목. 근간根幹의 두꺼운 껍질은 육계

은목서 꽃(2019. 10. 6. 순천 선암사)

肉桂라 하여 약재로 씀"이라고 했다. 그러므로 대체로 우리나라 문헌들에서는 桂桂를 육계나무로 이해한 것으로 볼 수 있다. 그러다가 일본에서 桂桂로 불리던 *Cercidiphyllum japonicum*이 조경용으로 도입되고 이 나무에 식물학자들이 '계수나무'라는 이름을 부여하면서 혼란스럽게 되었다고 볼 수 있다.

이런 내용만으로는 달나라 桂桂가 육계나무인지 목서인지 구분하기 어렵다. 달의 정령인 항아姮娥를 연상하면 꽃 향기가 좋은 목서일 듯하지만 오강吳剛이 도끼질한 큰 나무를 연상하면 육계나무일 것 같다. 애초에 설화에 나오는 나무를 현대 분류학의 특정 나무로 정한다는 것은 불가능하고 또 부질없는 일일 듯하다. 하지만 시인들은 대부분 달나라 계수나무를 꽃 향기가 좋은 계화桂花, 즉 목서로 보고 시를 읊었다. 그러므로 고전의 桂桂를 번역할 때는 문맥을 보아 약용이 강조된 곳에서는 육계나무로, 꽃 향기가 강조된 곳에서는 목서로 번역하는 것이 좋을 듯하다. 고전에서 과거에 급제한 것을 '계화桂花를 꺾었다', 혹은 '계화桂花가 피었다'라고 표현하는데 이 계화도 목서일 것이다. 임창순任昌淳(1914~1999)의

옛글의 나무를 찾아서

『당시정해』에 실려있는 왕건王建의 시 한 수를 읽어본다.

8월 보름날 달을 바라보며(十五夜望月)

마당에는 땅이 환하게 밝고	中庭地白樹棲鴉
나무에는 까마귀 잠들었는데,	
찬 이슬 소리 없이 목서 꽃을 적신다.	冷露無聲濕桂花
오늘밤 달이 밝아 사람들 모두 쳐다보는데,	今夜月明人盡望
누가 가을을 가장 슬퍼하는지 아는 이는 없을 것이다.	不知秋思在誰家

우리나라에는 식재한 목서가 남쪽 지방의 사찰 등에 드물게 자라고 있다. 목서의 변종으로 황색 꽃이 피는 나무를 금목서라고 하고, 목서와 구골나무 사이의 교잡종으로 흰 꽃이 피는 것을 은목서라고 한다. 모두 남쪽 지방에서 볼 수 있다. 나는 2019년 10월 초순에 순천 선암사를 방문했을 때 처음으로 계화桂花, 즉 목서 꽃을 감상할 수 있었다. 아울러 은목서와 금목서도 감상했다. 은목서 꽃은 만발하여 한창 시절인데, 꽃자루가 긴 목서와 금목서 꽃은 이미 시들고 있었다. 다행히 몇 송이가 아직 지지 않고 있어서 기특하고 고마웠다. 향기를 감상한 일행들은 모두 목서 향이 은목서 향보다 좋다고 했다. 달나라에는 토끼가 지금도 계수나무 아래에서 방아를 찧고 있겠지만, 이 목서 꽃 향기를 맡으면서는 토끼보다는 달나라로 도망간 선녀 항아姮娥를 떠올리는 게 어울리는 것 같다.

* 羿請不死之藥於西王母 姮娥竊以奔月 -『淮南子』

** 舊言月中有桂 有蟾蜍 故異書言月桂高五百丈 下有一人常斫之 樹創隨合 人姓吳名剛 西河人 學仙有過 謫令伐樹 -『酉陽雜俎』

*** 菌桂, 此桂嫩而易卷如筒 古所用筒桂也 … 菌桂葉似枇葉者是 … 今人所裁巖桂 亦是 菌桂之類而稍異 其葉不似柿葉 亦有鋸齒如枇杷葉而粗澀者 有無鋸齒如巵子葉而光潔 者 叢生巖嶺間謂之巖桂 俗呼為木犀 其花有白者名銀桂 黃者名金桂 紅者名丹桂 有秋花

者 春花者 四季花者 逐月花者 其皮薄而不辣 不堪入藥 有花可收 -『本草綱目』

**** 桂, 生南中山巓 多夏常青 其類自爲林 更無雜樹 葉長如枇杷葉 堅硬有毛 及鋸齒 花黃白二色 = 棪 牡桂 -『廣才物譜』

*****桂者 南方之木 亦有菌桂牡桂 總可入藥 中國亦唯江南有之 吾東之所無也 -『雅言覺非』

옛글의 나무를 찾아서

괴 槐

초여름에 노란 꽃을 피우는 학자수 회화나무

회화나무(2017. 8. 2. 안양 호계동)

회화나무 노란 꽃 펴도 그대는 상관 않고	槐花黃盡不關渠
늙으면서 공명의 뜻 저절로 적어지네.	老向功名意自踈
산골 밭을 삼백 이랑 구하고저	乞得山田三百畝
등불 아래 밤새어 농사 책을 살피네.	青燈徹夜課農書

주희朱熹(1130~1200)의 시 「늙은 벗 승사에게 장난삼아 주다(戲贈勝私老 友)」이다. 몇 해 전, 정조대왕의 명으로 주자의 글을 뽑아 편찬한 책『아 송』을 만지작거리다가 우연히 이 시를 보고 번역하여 페이스북에 게시

회화나무 꽃(2018. 8. 2. 성남)

한 적이 있다. 서성 교수님께서 이 번역을 읽으시고, "회화나무꽃이 다 진다는 것은 음력 7월을 말하고, 당송 시대 땐 이때가 2월에 회시에서 떨어진 거인(향시 합격자)들이 시문을 지어 예부에서 재시험 볼 때라 두문불출하고 한창 바쁠 때였지요. 그래서 '회화나무가 노래지면 거인들이 바쁘다(槐花黃, 擧子忙)'는 속담이 생긴 것입니다. 그러니까 제1구에서 '상관 않고'란 말은 전에는 회화 꽃 한창일 때는 언제나 회시 시험 준비로 바빴는데 이제는 준비하지 않는다는 것이지요. … 제1구와 제2구 사이의 관계에서, 회화나무 꽃이 지니까 친구 생각이 나 이 시를 지어 보내는 주희의 깊은 마음이 드러나 절로 훈훈해집니다."라는 전문가의 의견을 말씀해주시면서 번역도 나쁘지 않다고 하셨다. 문외한이 전문가의 좋은 평을 들었으니 얼마나 기뻤겠는가?

괴槐는 『당시식물도감』, 『북경삼림식물도보』, 『식물의 한자어원사전』 등에서 한결같이 회화나무(Sophora japonica L.)로 설명하고 있다. 그러므로 고전에 이 글자가 나오면 거의 대부분 회화나무인데, 이 나무는 중국이 원산지라고 알려져 있다. 『천자문』에 "길 양 옆에는 괴槐와 경卿이 늘어서 있다(路挾槐卿)."라는 구절이 나온다. 이 구절의 배경에는, 조정에 세 그루 회화나무를 심어 삼공三公의 자리를 나타내고, 길 좌우에 묏대추나무를 심어 경卿, 대부大夫, 공公, 후侯 등의 자리를 나타내었다고 하는 옛 주나라의 제도가 있다. 『주례周禮』 추관秋官 편에서 괴槐를 찾아보면, "3 그루 회화나무를 향하여 삼공三公이 자리한다(面三槐 三公位焉)."라는 구절이 나온다. 이에 대해 정현鄭玄(127~200)은 "괴槐는 회懷를 말한다. 이곳에 오는 사람을 품어서 그와 더불어 의논하고자 하는 것이다."*라는 주석을 달았다. 이 주석 때문에 '홰나무'라는 별칭이 생겼을지도 모른다. 이와 같이 회화나무는 삼공을 상징하게 되면서 관청이나 양반가에 많이 심는 나무가 되었다.

회화나무를 뜻하는 고전 속의 괴槐를 우리나라에서는 홰나무, 회나무, 회화나무, 괴목, 느티나무 등으로 이해하고 있다. 홰나무, 회나무, 괴목 등은 회화나무의 이명이라고 하더라도, 느티나무로 보는 것은 재고해볼 일이다. 회화나무는 콩과에 속하고 느티나무는 느릅나무과에 속하는 상당히 다른 나무이기 때문이다. 이 문제를 정리하기 위해 조금 장황하지만 우리나라의 문헌을 살펴보기로 한다.

『향약집성방』에 '괴교槐膠', '괴화槐花'가 나오는데, 일제강점기에 출간된 책에는 '홰나무 진', '홰나무 꽃'이라는 향명이 기재되어 있다. 『훈몽자회』에는 '괴槐 회홧괴', 『동의보감』 탕액 편에는 '괴실槐實 회화나모 여름'으로 적혀 있다. 『물명고』에서는 "괴槐는 회懷와 같은 것이다. 잎은 고삼苦參과 같고 나무는 아주 크다. 수피는 검고 꽃은 노란데 뿔 모양이 맺어진다. '회화나모'. 괴槐의 음이 회懷라는 것은 세상 사람들이 다 아는 것인데 사가四佳 서거정徐居正(1420~1488)이 이유 없이 '느티괴'라고 해서 훗날 민간에서 잘못 알게 되었음은 어쩌된 일인가?"**라고 했다. 즉, 최세진과 허준許浚(1539~1615)은 괴槐를 회화나무로 바르게 이해했고, 이에 더해 유희는 괴槐를 명확히 회화나무로 설명할 뿐 아니라 느티나무가 아니라는 점까지

회화나무 겨울 모습(2018. 2. 3. 서울)

밝히고 있는 것이다. 『광재물보』에도 괴槐는 '회화나무'로 기록되어 있다.

그 후, 『전운옥편』에서는 "괴槐의 음은 '회'이다. 겨울에 땔나무로 쓰며, 허성虛星의 정精이다. 꽃으로 노란색 물을 들일 수 있다. 회懷와 같다."*** 라고 하여 회화나무임을 설명했고, 『자전석요』에서도 "회 꽃으로 노란 물을 들일 수 있다. 회懷와 같다."****라고 했다. 이어서, 『한선문신옥편』에서도 '괴화나무 회'로 동일한 설명을 하고 있고, 『한일선신옥편』에서도 '괴화나무 홰'로, 현대의 『한한대자전』에서도 "홰나무 괴, 콩과에 속하는 낙엽교목. 회화나무"로 설명하고 있다. 조선어학회에서 1936년에 초판을 발행한 『사정한 조선어 표준말 모음』을 봐도, 홰나무를 괴槐로 보고 이명으로 '회야나무, 회화나무, 괴화나무, 괴목'이라 기록한 반면, 느티나무는 규목槻木으로 보고 이명으로 '느틔나무'를 적었을 따름이다. 비슷한 시기인 1937년에 조선박물연구회가 발간한 『조선식물향명집』에서도 회화나무는 괴槐, 느티나무는 거欅로 기록했다. 같은 해 발간된 『선한약물학』에서도 '괴화槐花'에 한글로 '회화나무 꽃'을 병기했다. 즉, 어디에서 느티나무로 설명했는지 문헌을 찾기 어려울 정도이다. 『조선삼림식물도설』을 보

회화나무 열매(2018. 11. 3. 창경궁)

면, 회화나무의 한자명으로 회목槐木, 회화목槐花木, 괴화목槐花木을 들고 있는데, 느티나무에 대해서도 괴목으로 통한다고 하면서 한자명으로 괴목槐木, 규목槻木, 거欅, 계유鷄油, 궤목樻木 등을 들고 있어서, 일부에서 괴목槐木을 느티나무로 이해한 흔적을 발견할 수 있을 따름이다.

이런 사정을 감안하여 고전에서 괴槐를 만나면 문맥을 잘 살펴야 할 듯하다. 즉, 중국 고전의 삼괴三槐나 관청, 학자와 관련된 문장에서는 반드시 회화나무로 해야 할 것이지만, 일부 조선시대 학자들이 느티나무(*Zelkova serrata*)를 괴목槐木이라 표현한 사례도 있을 것이므로 잘 판단해야 하리라. 마지막으로 월헌月軒 정수강丁壽崗(1454~1527)의 시 한 수를 감상한다.

별시에 선비들이 많이 모였다는 말을 듣고	聞別試群儒大會
회화나무 노란 꽃이 눈길을 스쳐가고	過眼槐黃歲不留
세월은 머물지 않아라.	
놀란 가슴의 거자는 몇 번이나 실망했나?	驚心擧子幾番愁

회화나무 고목 수형(2021. 1. 9. 의성)

| 오늘 들으니, 별시에 구름같이 모였다고 | 今聞別試如雲集 |
| 누가 이번 과거에서 일등을 할까? | 誰是場中第一流 |

예나 지금이나 공명의 길은 과거든 고시든 입시든 시험을 잘 치르는 데 있지만, 누가 시험에서 일등 했다고 삶의 길을 제대로 갈 것이라고 보장하겠는가? 내 고향 안동에도 곳곳에 회화나무 고목들이 있다. 몇 해 전 종숙과 함께 와룡면의 광산 김씨 긍구당 고택을 방문했을 때, 고택 가까이 흐르는 개울가에 회화나무가 멋지게 자라고 있었다. 이 나무를 보면서 나는 긍구당 집안의 염원을 느낄 수 있었다. 내가 사는 집 근처 공원에도 회화나무 서너 그루가 자라고 있다. 여름날 노란 꽃이 만개하는데 비바람에 꽃이 지면 온통 바닥이 노랗게 물들어 괴황槐黃을 느낄 수 있다. 지금 시절의 가장 중요한 시험은 회화나무 꽃 필 무렵이 아니라 괴실槐實 꼬투리가 여물어가는 11월에 있다.

옛글의 나무를 찾아서

* 槐之言懷也 懷來人於此 欲與之謀 -『周禮注疏』

** 槐 懷者仝 葉如苦參 樹極大而皮黑 花黃結角 회화나모 槐音懷 舉世知之 而徐四佳無
端以爲느티괴 遂誤後俗 何也 -『物名考』

*** 槐회 多取火木 虛星精 花可染黃色 懷仝 -『全韻玉篇』

**** 槐회 花可染黃 괴화나무 회 懷仝 -『字典釋要』

극棘

주나라 재상을 상징하는 묏대추나무

묏대추나무 가시와 열매(2021. 1. 9. 의성)

회화나무 괴槐를 설명하는 글에서 인용했던 『천자문』의 노협괴경路挾槐
卿에 대해, 성백효 선생이 번역한 『주해천자문』에서는 "길(路)은 왕조의
길이다. 길 왼쪽에는 3그루의 회화나무를 심었으니 삼공三公의 자리이
고, 길 오른쪽에는 9그루의 '가시나무(棘)'를 심었으니, 구경九卿의 자리
이다. 괴槐는 삼공을 의미한다."*라고 주해를 붙였다. 『주례』에서 인용된
이 '삼괴구극三槐九棘'은 줄여서 '괴극槐棘'으로 표현하기도 하는데, 흔히
중국 조정의 삼공과 구경, 즉 고위 관료를 상징하는 성어로 고전에서 많
이 사용되었다. 나는 이 주해를 읽고서 하필이면 왜 경卿을 '가시나무'로

상징했을까라는 의문을 가지지 않을 수 없었다.

가시나무라면 과연 무슨 나무일까? 가시나무는 '가시가 있는 나무'를 뜻할 수도 있고, 종(species)으로서 '가시나무'일 수도 있다. '한국고전종합DB'에서 검색해보면, 극棘을 '묏대추나무'로 주석을 단 곳이 한두 군데 있지만, 대부분 '극목棘木', '가시나무'로 해석하고 있다. 고전 번역가들은 옥편에서 보통 극棘을 가시가 있는 초목을 뜻한다고 설명하고 있으므로, 이를 참조하여 종으로서 '가시나무'가 아니라 '가시가 많은 나무'라는 의미로 번역했을 것이다. 어렸을 때 시골에서 자라면서 찔레나무나 산딸기에 가시가 많아서 가시나무로 부른 기억이 있지만 이 나무들은 키가 작은 관목이다. 교목으로는 아까시나무나 음나무에 가시가 있다. 주엽나무나 중국 원산의 조각자나무도 나무 줄기에 무시무시한 가시를 달고 있다. 시무나무나 대추나무에도 가시는 있다. 종으로서의 가시나무 (*Quercus myrsinifolia*)는, 『한국의 나무』에 의하면, 중국 중남부 지방에 자생하며 우리나라에서도 전라남도 진도군 등에서 자생하고 있는, 참나무과 참나무속(*Quercus*)의 상록수이다. 이 나무는 가을이 되면 도토리를

대추나무 가시(2020. 7. 12. 성남)

멧대추나무 가시(2021. 1. 9. 의성)

열매로 달지만 가시는 없으므로 극棘은 아닐 터이다. 이제 극棘이 과연 어떤 나무인지 문헌을 통해 살펴보기로 한다.

우선 삼괴구극三槐九棘은 『주례』의 추관秋官 조사朝士 편에서 유래하는데, 다음과 같다. "조사朝士는 나라의 외조外朝를 건설하는 법을 관장하여 왼쪽에 구극九棘을 심어서 고孤, 경卿, 대부大夫들이 자리하게 하고, 여러 사士들은 그 뒤쪽에 있게 하며, 오른쪽에 구극九棘을 심어서 공公, 후侯, 백伯, 자子, 남男이 자리하게 하고, 여러 관리들은 그 뒤쪽에 있게 하며, 정면에는 삼괴三槐를 심어서 삼공三公이 자리하게 하고, 주장州長이나 뭇 서민들은 그 뒤에 있게 한다."** 이렇게 고관을 상징하고 자리를 지정하는 나무인 극棘이, 삼공을 상징하는 회화나무의 크기에 비추어 관목은 아닐 것이라고 추정할 수 있다. 『시경』에서 극棘은 패풍邶風의 '남풍(凱風)', 위풍魏風의 '동산에 복숭아나무(園有桃)', 당풍唐風의 '칡덩굴 자라(葛生)' 등 여러 곳에 나온다. 특히 '동산에 복숭아나무(園有桃)'에는 "동산에 극棘이 있어, 그 열매 먹을 만해라(園有棘 其實之食)."라는 구절이 있어서, 극棘 나무의 열매를 식용한다는 사실을 알 수 있다. 『본초강목』

을 보면 극극棘은 대추의 한 종류로, "큰 것을 조棗라고 하고 작은 것을 극棘이라고 한다. 극棘은 산조酸棗이다. 조棗의 성질이 높아서 자束(가시)를 아래위로 거듭해서 썼고, 극棘의 성질은 낮으므로 자束를 옆으로 나란히 썼다. 자束의 음은 차次이다. 조棗와 극棘은 모두 가시가 있다. 회의會意 글자이다."***라고 설명하고 있다. 이러한 설명을 통해 극棘이 대추나무 종류임을 알 수 있다.

실제로『시경식물도감』은 극棘을 묏대추나무(Ziziphus jujuba)로 보고, 산조酸棗라고 한다고 했다.『중약대사전』도 극棘, 산조酸棗, 산조山棗를 묏대추나무로, 조棗, 대조大棗를 대추나무로 본다. 일본 학자의『식물의 한자어원사전』에서도 극棘을 묏대추나무, 조棗를 대추나무로 설명한다. 그러므로, 이제 괴극槐棘의 극棘을 가시가 있는 나무 중에서 묏대추나무라고 판단해도 좋을 것이다. 대추나무라고 하면 동양에서 예로부터 과일나무로 재배한 역사가 깊으므로, 주周 왕조의 공경을 상징하는 나무라고 해도 그리 어색하지 않다.

우리나라 문헌『훈몽자회』에서는 극棘을 "가새 극, 즉, 산조酸棗이다. 일명 이樲"라고 설명하고, 조棗를 '대초 조'라고 했다.『물명고』에서도 극棘을 '산조酸棗'라고 했으며,『광재물보』에서는 '작은 대추(棗)'라고 하여『본초강목』의 내용과 일치한다.『전운옥편』에서도 "棘극, 작은 대추로 가시가 많다(小棗多刺)."라고 했다. 즉, 우리나라 문헌에서도 나무 종으로서의 극棘을 산조酸棗, 즉 묏대추나무로 봤음이 틀림없다고 하겠다. 이제『시경』위풍魏風의 시,「동산에 복숭아나무(園有桃)」****한 구절을 읽어 본다. 올바른 정치가 행해지지 못하는 것을 탄식한 내용이라고 한다.

동산에 묏대추나무가 있어	園有棘
그 열매 먹을 만해라.	其實之食
마음에 근심이 있어	心之憂矣

대추나무 고목(2021. 3. 20. 정선)

나는 애오라지 도성 안이나 쏘다니네.	聊以行國
내 맘속을 모르는 이들은	不知我者
나더러 젊은이가 불평 끝없다네.	謂我士也罔極
그분 하시는 게 다 옳은데	彼人是哉
그대 무얼 따지느냐네.	子曰何其
마음에 근심 있건만	心之憂矣
그 뉘라서 알랴?	其誰知之
뉘라서 알아	其誰知之

근심 않을 수 있으랴?　　　　　蓋亦勿思

흥미롭게도 묏대추나무는 『맹자』 고자告子 편에도 나온다. "지금 원예사가 벽오동과 만주개오동을 버리고 묏대추나무(樲棘)를 기른다면 형편없는 원예사가 되는 것이다."*****라는 내용이다. 주희가 "이극樲棘은 소조小棗이니 아름다운 재목이 아니다."라는 주석을 달았는데, 소조小棗는 묏대추나무를 가리킨다. 이 글에서 맹자는 사람이 음식을 먹으면서 몸만 기르지 말고 심지心志도 키워야 함을 역설하고 있는데, 맹자가 주나라의 고관을 상징하는 묏대추나무를 좋은 재목이 아니라고 평한 것은 아이러니하다.

몇 해 전 북경을 방문했을 때 공항 서점에서 사 두었던 『정선 송사 및 송화(精選宋詞與宋畵Selected Poems and Pictures of the Song Dynasty)』라는 책을 펼쳤다가 눈이 번쩍 뜨이는 그림 한 점을 보았다. 북송시대 황거채黃居寀(933~993)가 그린 「산자극작도山鷓棘雀圖」로, 극棘을 가리키는 묏대추나무가 그려져 있었는데, 영문 설명도 '대추나무 떨기의 꿩과 작은 새들(Pheasant and Small Birds by a Jujube Shrub)'이라고 달려 있어서, 극棘이 대추나무류임을 증명하고 있었다.

조율이시棗栗梨柿니 조동율서棗東栗西니 하는 말이 알려주듯이, 제사상에서 가장 중요한 실과인 대추를 뜻하는 조棗는 많이 알려진 글자이다. 『본초강목』의 설명과 같이 조棗와 극棘은 회의會意 문자로, 옛날에는 이 2글자가 같은 종류의 나무를 뜻했다고도 한다. 그러다가 언젠가부터 조棗는 대추나무, 극棘은 묏대추나무를 가리키는 글자로 사용되어 왔다. 하지만 이 두 나무는 모두 갈매나무과에 속하는 *Ziziphus jujuba*의 변종들로 대단히 유사하다. 『한국의 나무』에 의하면, 묏대추나무는 중국과 우리나라에 분포하는 관목 및 소교목으로, 과실수로 재배하는 대추나무에 비해 탁엽이 변한 가시가 발달하며, 열매가 둥글고 핵의 양 끝이 가시

황거채黃居寀의「산자극작도山鷓棘雀圖」

처럼 뾰족해지지 않는 점이 다르다. 우리나라에는 주로 충북, 강원의 석회암지대 및 경북의 이암지대에 자생한다. 나는 주나라 재상을 상징하는 이 묏대추나무를 보기 위해 추위가 맹위를 떨치던 지난 2021년 1월 초순에 의성으로 향했다. 어렵사리 만난 묏대추나무는 대추나무에 비해 날카로운 가시가 가지마다 나 있어서, 과연 가시나무라고 부를 만하다는 생각이 들었다.

대추(2022. 10. 8. 영월)

* 路王朝之路也 夾路左 植三槐 三公位焉 右植九棘 九卿位焉 槐謂三公也 –『註解千字文』

** 朝士 掌建邦外朝之法 左九棘 孤卿大夫位焉 群士在其後 右九棘 公侯伯子男位焉 群吏在其後 面三槐 三公位焉 州長眾庶在其後 –『周禮』秋官

*** 棗, 大曰棗 小曰棘 棘酸棗也 棗性高 故重束 棘性低 故並束 束音次 棗棘皆有刺針 會意也 –『本草綱目』

**** 『시경』(이가원, 허경진 공찬) 참조

***** 今有場師 舍其梧檟 養其樲棘 則爲賤場師焉 –『孟子』告子

단檀

한민족의 상징, 단군신화의 신단수가 박달나무일까?

박달나무(2020. 10. 10. 유명산)

대한민국에서 태어나 교육을 받는 사람이라면 누구나 단군신화를 알고 있을 것이다. 『삼국유사』에 실려있는 이 신화는 고조선의 건국 설화와 홍익인간의 이념이 담겨있다. 나는 이 단군檀君의 '단檀'을 박달나무(*Betula schmidtii*)로 오랫동안 이해하고 있었다. 사실 박달나무는 우리나라에 자생하고 널리 알려진 나무이지만 직접 만나기는 쉽지 않다. 공해에 약하고 이식이 어려워 조경용으로 활용되지 않아서 인가 근처에서는 거의 볼 수 없기 때문이다. 『한국의 나무』에 의하면 박달나무는 자작나무과 낙엽교목으로 우리나라 전국의 산지에 자라며 주로 해발고도 1,000m 이하에 분포한다. 수피는 흑갈색에서 회갈색이며 오래된 나무의 수피는 두꺼운 조각으로 불규칙하게 벗겨진다.

나는 도감에서만 보던 박달나무를, 2018년 여름에 겨우 감악산에서 직접 만날 수 있었다. 꽤 큰 고목이었는데, 암회색 수피가 꺼칠꺼칠하게 벗겨져 있었고, 하늘을 향해 솟은 길쭉한 과수가 익어가고 있었다. 아마 이전에도 박달나무를 만났을 가능성이 있지만, 신화 속의 나무를 실제 식별한 것은 이때가 처음이어서 감격스럽기도 했다.

어느날『시경식물도감』을 살펴보다가, 위풍魏風 '벌단伐檀'의 단檀 등『시경』에 나오는 단檀을 중국에서는 박달나무가 아니라 느릅나무과의 청단靑檀(*Pteroceltis tatarinowii*)으로 보고 있음을 알게 되었다.

팡팡 단檀 나무를 베어다가	坎坎伐檀兮
황하 물가에 버버려 두끈	寘之河之于兮
황하 물만 맑게 물놀이 치네.	河水淸且漣猗

박달나무 열매(2018. 7. 22. 감악산)

심지도 않고 거두지도 않건**만**	不稼不穡
어찌 삼백 호 세금을 곡식으로 거둬들이며,	胡取禾三百廛兮
짐승 사냥도 하지 않건**만**	不狩不獵
어찌 그대 뜨락엔 담비 걸린 게 보이는가?	胡瞻爾庭有縣狟兮
참다운 져 군자는	彼君子兮
놀고먹지 않는다던데.	不素餐兮

앞의 시「벌단伐檀」은 이가원李家源(1917~2000) 선생이 "청렴한 군자는 등용되지 못하고, 탐욕스런 관리가 일도 안 하고서 잘사는 모순된 모습을 노래한" 것이라고 해설한 시이다. 청단은 중국 황허강 유역에 자생하는 나무이지만 한반도에는 자생하지 않는다. 갑자기 단군신화의 단檀이 내가 고정관념으로 가지고 있는 박달나무가 아닐 가능성이 있겠다는 생각이 들었다. 흥미가 생겨서 먼저 내가 애용하는 민중서림『한한대자전』을 찾아보았다. "단檀. (1) 박달나무 단, 자작나무과에 속하는 낙엽교목, (2) 단향목 단, 자단紫檀, 백단白檀 등의 향나무의 총칭. 전단栴檀"*으로 설명되어 있다. 일반적으로 옥편에서 가장 앞에 나오는 해설을 흔히 참고하게 되므로, 내가 이 글자를 박달나무로 이해하게 된 것은 너무나 당연했다.

이제『시경』의 단檀이 어떤 나무를 가리키는지 더 살펴본다. 단향목檀香木으로 알려진 자단紫檀, 황단黃檀, 백단白檀 등은 모두 열대지방에서 자라는 나무이고 위魏나라가 있던 황허강 유역에는 자라지 않으므로, 이위풍魏風의 단檀은 황허강 유역에도 분포하는 청단靑檀이라는 게『시경식물도감』의 설명이다. 일본의『식물의 한자어원사전』에서도『시경』의 단檀을 청단靑檀(Pteroceltis tatarinowii)으로 설명하고 있다. 단 이 글자는 일본에서는 참빗살나무(まゆみ/Euonymus sieboldianus)를 뜻한다고 했다.

우리나라 문헌으로 1527년에 출간된『훈몽자회』를 찾아보니, 아쉽게도 단檀은 나오지 않는다. 정조 때 간행된『전운옥편』에는, "단檀은 향목으

옛글의 나무를 찾아서

육박나무 수피(2020. 11. 15. 서귀포 안덕계곡)

로 전단栴檀이다. 강인한 나무로 수레 바퀴살에 알맞다."**라고 나온다. 정약용丁若鏞(1762~1836)은 『아언각비』에서, "단檀은 2종류가 있다. 국풍國風에서 일컫은 '단檀을 베어서'의 나무 단檀은 굳세고 질긴 나무로서 수레의 바퀴살을 만들 수 있다. 부남扶南, 천축天竺에서 생산되는 전단栴檀, 침단沈檀 같은 것은 별도의 향목香木인데, 백단白檀과 자단紫檀이 있으며, 통틀어 전단栴檀이라고 말한다. … 우리나라 사람들이 느닷없이 겨울에 푸른 만송蔓松(향나무)을 가지고 자단향紫檀香이라고 부르고 이것을 피우며 제사 지내고 환약으로 조제하니 어찌 잘못된 것이 아니겠는가?"***라고 설명했다. 『시경』에서 단檀은 국풍의 굳세고 질긴 나무라고 하는 단檀과 향기로운 나무인 전단栴檀(Santalum album), 2종류가 있다고 했지만, '박달나무'와 관련한 언급은 없다. 참고로 박상진은 『우리 나무 이름 사전』에서 "『아언각비』에서 단檀을 2가지 뜻으로 풀이하고 있다. 하나는 원래의 뜻인 박달나무이고, 다른 하나는 백단·자단 등 열대지방의 향목香木이다."라고 해설하고 있다. 이때 박달나무는 질기고 굳센 나무라는 뜻일 것이다.

『물명고』에는 단檀이 꽤 자세하게 설명되어 있다. "황단黃檀과 백단白檀 2종이 있다. 잎은 회화나무 같다. 껍질은 푸르고 광택이 있으며, 표면은 세밀하고 부드럽다. 재질은 무겁고 굳세다. 우리나라 민간에서 이 글자를 박달나무(牛筋木)로 부른다. 그러나 박달나무는 잎이 크고 마주나기가 아니므로, 믿을 만한 말은 아닐 것이라고 생각한다."**** 즉,『물명고』의 앞부분 설명은『본초강목』의 설명과 일치하므로, 유희柳僖 선생은『본초강목』의 단檀을 생각하고, 우리나라 민간에서 '우근목(박달나무)'으로 말하는 것은 믿을 수 없는 말이라고 한 것이다. 참고로, 황단黃檀(Dalbergia hupeana)은 잎 모양이 회화나무 비슷하지만, 백단(Santalum album)은 단엽이다. 그리고, 청단靑檀도 어긋나는 단엽이다.

『광재물보』에서는『물명고』와 같은 해석을 했지만, 한글로 '박달'이라고 설명하고 '곡리목曲理木'이라고 했다. 확실하게 단檀의 훈으로 '박달'을 달고 있는 것을 보면, 1800년대 당시 단檀을 '박달나무'로 부른 것은 확실한 듯하다. 그 후, 1870년에 간행된 황필수黃泌秀(1842~1914)의『명물기략』에서 단향檀香을 소개하는 부분에, "우리나라에 별도의 1종이 있는데, 박단駁檀이다. 전轉하여 '박달'이라고 부르며, 또 육박六駁이라고 한다. 껍질 색은 푸르고 희며 얼룩 무늬가 많다."***** 즉, 육박나무를 뜻하는 박단駁檀이 변하여 '박달'이 되었다는 주장이다.

홍만선洪萬選(1643~1715)의『산림경제』구황救荒 편에도, "2월 이후가 되면, 들나물, 산나물, 단엽檀葉(팽나무 잎), 樍葉(느티나무 잎), 쑥은 모두 굶주림을 구할 수 있다."******라는 구절이 나오는데, 여기에서는 팽나무를 단檀으로 본 것이다. 정태현은『조선삼림식물도설』에서 한자명 단목檀木은 박달나무에만 기록했지만, 팽나무의 한자명 중 하나로 청단靑檀을 들고 있고, 당단풍나무, 산딸나무의 이명으로 '박달나무'를 표기했다. 당단풍나무와 산딸나무의 이명으로 '박달나무'가 사용된 사실은 이우철의『한국식물명의 유래』에도 기재되어 있다.

옛글의 나무를 찾아서

당단풍나무 수피(2020. 3. 14. 남양주 천마산)

산딸나무 수피(2020. 11. 21. 남한산성)

팽나무(2019. 3. 23. 영광군 백수읍 지산리) 단檀이라는 글자를 사용하기도 했던 팽나무. 수백 년 된 팽나무 고목이 신령스럽게 느껴진다.

이런 기록을 보면, '박달나무'라는 이름은, 『조선식물향명집』 등 현대 분류학 서적에서 자작나무과의 'Betula schmidtii'에 단목檀木과 함께, '박달나무'라는 종명을 부여하기 이전까지 '군세고 질긴 나무'를 뜻하는 일반 명사가 아니었을까 추론해 볼 수도 있다. 『본초강목』에서 단檀의 뜻은 '좋은 나무(善木)'라고 했으므로, 박달나무는 군세고 질기고 쓰임새가 많은 좋은 나무에 붙인 이름일 것이다.*******

사실 사전류에서 단檀을 '박달나무'로 명기한 역사는 그리 오래되지 않았다. 구한말 지석영池錫永(1855~1935)의 『자전석요』에는 "향목香木, 향나무 단"이라고 나온다. 1913년 간행 『한선문신옥편』에 "향나무(단), 박달나무(단)"이라고 나오지만, 이때 박달나무는 "강인한 나무로 수레 바퀴살에 알맞다."라는 뜻이 들어 있다. 그리고 앞에서 『조선식물향명집』에서 단목檀木을 식물 종의 이름으로 '박달나무'라고 했다고 언급했는데, 한글학회에서 편찬하여 1947년 초판이 간행된 『큰사전』에서는 이를 반영하여 "단목(檀木) [이] = 박달나무"로 되어있다. 아마 이후 발행된 모든 사전과 옥편은 단檀을 식물 이름으로서 박달나무로 설명하고 있을 것이다. 이러한 사전류의 설명 때문에 우리들은 자연스럽게 단檀을 박달나무로 생각하고, 단군신화의 나무로 믿게 된 것이리라.

그렇다면 단군신화의 나무를 무엇으로 봐야 할까? 간혹 단군신화의 나무가 무엇인지 논쟁이 일어나기도 하지만, 이를 특정 종의 나무, 특히 박달나무로 볼 필요는 없다. 박달나무라고 해야 단군신화의 품격이 올라가는 것도 아닐 것이다. 사실 신단수의 글자도, 『제왕운기』에는 '단수신檀樹神'으로 되어 있지만 『삼국유사』에는 '신을 모시는 제단의 나무'를 뜻하는 '신단수神壇樹'로 나오는 점도 고려할 필요가 있다. 1512년 경주 간행 목판본 『삼국유사』에서 단군신화를 좀 더 인용해본다.

"옛날 환인의 서자 환웅이 늘 천하에 뜻을 두어 인간 세상의 일을 탐구하였다. 그 아버지가 아들의 뜻을 알고 굽어살펴 3가지의 위험이 있음을 발견하였다. 태백산 주변이 널리 인간을 이롭게 할 수 있음을 알고 곧 천부인 3개를 주고 가서 다스리게 하였다. 환웅이 무리 3,000명을 거느리고 태백산 마루턱 신단수神壇樹 아래로 내려와 그곳을 신시라 하였으니, 그가 이른바 환웅천왕이다."********

사실 해발 1,500m가 넘는 태백산 정상 부근에는 박달나무 대신 주목이 자라고 있다. 묘향산 정상에는 오르지 못하지만, 아마도 박달나무는 없을 것이다. 이제 중국 고전뿐 아니라 우리나라 고전에서도 단檀을 만나면, 이 나무가 박달나무가 아닐 가능성도 있으므로 신중하게 문맥을 살펴야 한다. 유몽인柳夢寅(1559~1623)의 『어우집』에 "오래된 단檀은 요임금 시절 보았을 텐데, 태백산 봉우리에서 사당 흔적은 찾기 어렵네(古檀應閱唐堯曆 遺廟難尋太白峯)."라고 나온다. 단군신화와 관련하여 단檀이 쓰인 경우인데, 이때에는 '박달나무'로 번역하기보다는 그냥 '신단수'로 해석하

박달나무 수피(2021. 2. 27. 화악산)

는 것이 옳을 듯하다. 『시경』 정풍의 「둘째 아들(將仲子)」을 감상해보자.

둘째 야드님	將仲子兮
우리 집 정원을 넘어오지 마세요.	無踰我園
내가 심은 청단青檀을 꺾지 마세요.	無折我樹檀
어찌 나무가 아깝겠어요?	豈敢愛之
남의 말 많은 게 무서워서죠.	畏人之多言
둘째 야드님도 그립기는 하지만	仲可懷也
남의 말 많은 것도	人之多言
역시 두려운걸요.	亦可畏也

박달나무뿐 아니라 단檀이라는 글자를 쓰는 나무들은 우리 민족의 역사와 함께했다. 언젠가 청단青檀, 백단白檀, 자단紫檀, 황단黃檀 등 이국의 나무들을 직접 볼 날을 기다려본다. 그중 온대지방에도 자라는 느릅나무과의 청단青檀은 '테로셀티스'로 불리며, 천리포수목원에서 자라고 있다. 몇 해 동안 보고 싶어 했던 테로셀티스, 청단을 2021년 7월 말 휴가

기간 중 천리포수목원을 방문하여 감상했다. 테로셀티스는 우드랜드에서 억새원으로 넘어가는 언덕에 우람하게 자리 잡고 있었는데, 우선 박달나무처럼 거칠게 벗겨지는 수피가 눈에 들어왔다. 짙푸른 잎사귀 모양도 어쩌면 박달나무 비슷하기도 했지만, 동전 모양의 열매는 박달나무와는 확연히 달랐다. 이 테로셀티스가 『시경』에서 "내가 심은 청단青檀을 꺾지 마세요(無折我樹檀)."라고 하던 그 단檀 나무라고 생각하며 한동안 나는 시적인 감상에 젖어 있었다.

청단(테로셀티스)(2021. 7. 31. 태안 천리포수목원)

* 『중약대사전』을 참조하면, 단향檀香, 백단白檀, `전단栴檀은 모두 단향과의 반기생 열대성 상록수인 *Santalum album*을 말하며 대표적인 항목이다. 자단紫檀은 *Pterocarpus indicus*인데, 동남아시아에 자생하는 반 상록성 활엽교목으로, Burmese rosewood로 불리기도 한다. 또한 중의학에서 단檀은 콩과의 황단黃檀, 즉 *Dalbergia hupeana Hance*본다. 단 일본에서는 전단栴檀을 센단(センダン)이라고 하는데 우리나라 남부 지방에도 자생하는 멀구슬나무(*Melia azedarach*)를 말한다.

** 檀단, 香木栴檀 强韌木中車輻 -『全韻玉篇』

*** 檀有二種 國風所稱伐檀樹檀者 堅韌之木 可爲車輻者也 若扶南天竺之産栴檀沈檀者 別是香木 有白檀紫檀 總謂之栴檀 … 東人忽以蔓松之冬靑者 名之曰紫檀香 祭祀焚之 丸藥劑之 豈不謬哉 -『雅言覺非』

**** 檀, 有黃白二種 葉皆如槐 皮靑而澤 肌細而膩 體重而堅 東俗謂是牛筋木 然牛筋木葉大而不對肘 恐未可質言 -『物名考』

***** 檀香 … 東國別有一種駁檀 轉云 박달 又名六駁皮色靑白 多癬駁 葉如槐 皮靑而澤肥細而膩 體重而堅 卽國風所稱伐檀樹檀者也 -『名物紀略』

****** 二月以後則 田荬 山荬 檀葉펑나모닙 櫨葉ᄂ덧닙 蒿葉쑥 皆可以救飢 -『山林經濟』救荒

******* 1934년 조선총독부 중추원에서 발행한『조선의 성명씨족에 관한 연구조사』 139쪽에 박달朴達에 대해 "朴達. 박달は車軸等に使用する堅き木にして樺檀等の字を充つ 學名オノオレカンバ 但地方により此名を以て呼ぶ其植物を異にす"라고 조사 기록했다. 즉, "박달朴達. '박달'은 차축 등에 사용하는 굳센 나무로써, 화樺, 단檀 등의 글자에 해당한다. 학명은 오노오레칸바(オノオレカンバ, 박달나무의 일본명). 단 지방에 따라 이 이름으로 부르는 식물은 서로 다르다."

******** 昔有桓因庶子桓雄 數意天下 貪求人世 父知子意 下視三危 太伯可以弘益人間乃授天符印三箇 遣往理之 雄率徒三千 降於太伯山頂 神壇樹下 謂之神市 是謂桓雄天王也 -『三國遺事』

동桐, 오동梧桐
봉황이 깃드는 벽오동과 동화사 오동나무

오동나무 꽃(2020. 5. 22. 이천)

『천자문』에 오동조조梧桐早凋라는 구절이 있다. "오동나무는 일찍 시든
다."라는 뜻이다. 덕분에 오동梧桐은 옛날부터 학동들이 일찍 배우는 나
무 중 하나가 되었는데, 나도 초등학교 시절 선친으로부터 "오동 오梧, 오
동 동桐, 일찍 조루, 시들 조凋"로 배웠다. 그리고 이 오동을 산골 동네에
서 볼 수 있었던, 잎이 큰 오동나무로 은연중에 생각하고 있었다. 하지만
오동이라는 이름이 들어간 나무에는 오동나무 외에도 봉황이 깃든다는
벽오동도 있고 개오동, 꽃개오동도 있다. 그러므로 이『천자문』의 오동梧
桐이 과연 '오동나무'인지는 의문을 가져볼 만하다. 아무튼 오동梧桐과

61

벽오동(2021. 7. 8. 논산)

동桐은 고전의 식물 이해에서 혼란이 많은 글자인데, 대개 오동나무로 번역되고 있다.

식물애호가인 내가 고전의 식물에 대해 관심을 기울이게 된 계기도 바로 이 '동桐'이라는 글자에 있다. 2016년 정도로 기억하는데, 어느 날 식물애호가 모임에서 대화 자락이 팔공산 동화사桐華寺의 동桐이 벽오동인지 오동나무인지에 이르렀다. 나는 어줍잖게, "화華는 나무에 꽃이 핀 모양을 뜻하는데, 오동나무가 잎이 나기 전에 꽃이 화려하게 피는 데 반해 벽오동은 잎이 난 후에 꽃이 피므로 동화사의 동桐은 오동나무를 말할 가능성이 크지요."라고 말했다. 하지만 의견은 분분했고, 쉽게 결론을 내릴 수 없었다. 바로 이 대화 덕분에 나는 고전의 식물 표기 한자들이 정확히 어떤 식물인지 밝히는 데 관심을 기울이게 된 것이다. 이제 『천자문』의 오동梧桐이 어떤 나무인지, 아울러 팔공산 동화사의 동桐은 무엇인지 찬찬히 알아보자.

오동나무와 벽오동은 이름은 비슷하지만 식물분류학적으로는 관계가 상당히 먼 나무이다. 오동나무(*Paulownia tomentosa*)는 현삼과에 속하고, 중국 중북부 원산으로 우리나라 전역에 야생화하여 자란다. 잎이 나기 전 4~5월에 원추상꽃차례에 보라색 꽃이 핀다. 3~4.5cm 크기의 삭과蒴果 열매가 꽃이 열렸던 자리에 주렁주렁 매달린다. 벽오동(*Firmiana simplex*)은 벽오동과에 속하고 중국과 일본 원산으로 공원이나 정원에 식재한다. 벽오동은 손모양 잎이 난 후 6~7월에 원추꽃차례에 자그마한 황록색 꽃이 매달린다. 골돌과蓇葖果 열매가 주렁주렁 달리는데 씨앗이 익기 전에 꼬투리가 벌어진다. 씨앗의 크기는 5~7mm이고 표면에 주름이 진다. 화투의 똥(桐)이 벽오동의 잎과 열매를 그린 것이라고 한다. 이 정도의 배경 지식을 가지고 벽오동이 나오는 고전을 살펴보자.

『장자』 추수秋水 편에, 장자가 양梁나라 재상직에 있는 혜자惠子를 방문하여, "남방에 새가 있는데 그 이름이 원추鵷鶵(봉황)라네. 그대는 아는가? 원추鵷鶵가 남해를 출발하여 북해로 날아갈 때 오동梧桐이 아니면 앉지 않고, 연실練實(대나무 열매)이 아니면 먹지 않고, 예천醴泉이 아니면 마시지 않는다네."*라고 말하는 구절이 있다. 육기陸璣(261~303)의 『모시초목조수충어소』에도 "봉황은 수컷을 봉鳳, 암컷을 황皇, 그 새끼를 악작鸑鷟 혹은 봉황鳳皇이라고 한다. 일명 언鷃이다. 오동梧桐이 아니면 깃들지 않고, 죽실竹實이 아니면 먹지 않는다."**라고 나온다. 아마도 봉황이 벽오동나무에 깃든다는 이야기는 여기에서 전파되었을 것인데, 이 문장에서 '오동梧桐'은 분명히 벽오동을 뜻한다.

참고로, 조선시대에 우리 조상들도 봉황이 깃드는 나무를 벽오동으로 이해했다. 이는 다음과 같은 무명씨의 시조가 인구에 회자되는 것만 보아도 알 수 있다.

　　벽오동 심은 뜻은 봉황을 보잣더니

　　내가 심는 탓인지 기다려도 아니오고

오동나무 꽃 동화桐華(2020. 5. 22. 이천)

무심한 일편명월이 빈 가지에 걸렸어라.

조선 중기 우리말 어휘의 보고인 『훈몽자회』에는 '桐 머귀 동', '梧 머귀
오', 『자전석요』에는 '桐 오동 동', '梧 오동 오'로 나오는데, 머귀는 오동의
고어이다. 1800년대에 편찬된 어휘집 『광재물보』에도 동과 오동이 실려
있다. 우선 동桐에 대해서는, "동桐. '먹위나무'. 잎은 크기가 한 척尺이다.
아주 잘 자라고, 껍질 색은 거친 흰색이다. 그 나무는 가볍고 비어있으며,
벌레와 좀이 슬지 않는다. 견우화牽牛花(나팔꽃) 같은 흰 꽃이 핀다. 열매
를 맺으면 크기가 대추만 하며 껍질 안에 씨앗 조각이 있다. 가벼워서 껍
질이 깨어져 열리면 바람을 따라 날아간다. 백동白桐, 황동黃桐, 포동泡
桐, 의동椅桐, 영동榮桐이라고 부른다."***라고 하여, 바로 '오동나무'의 특
성을 기술하고 있다.

오동梧桐에 대해서는, "벽오동. 오동나무와 비슷하지만 껍질이 푸르고
꺼칠꺼칠한 주름이 없다. 곧게 자라고 나뭇결이 세밀하며 단단하다. 꽃
은 꽃술이 가늘고 아래로 떨어지면 골마지 같다. 꼬투리는 3치 정도인

벽오동 열매(2021. 9. 19. 안동 하회)

데 5조각이 합쳐져 있다. 익으면 삼태기처럼 쪼개져 열린다. 씨앗은 크기가 호초胡椒 같다. 친괴槻, 청동靑桐이라고 하며 열매 이름은 탁악槖鄂이다.”****라고 설명했다. 이러한 『광재물보』의 설명은 『본초강목』의 동桐과 오동梧桐 설명과 일치하는데, 동桐은 오동나무로, 오동梧桐은 벽오동으로 보고 해당 나무의 특성, 특히 꽃 모양 설명을 아주 자세하게 하고 있음을 알 수 있다.

유희柳僖의 『물명고』에서는 동桐에 대해, “4종류가 있다. 한 글자로 쓰인 동桐은 많은 경우 이 백동白桐을 가리킨다.”라고 했다. 백동은 포동泡桐(*Paulownia fortune*)을 말하고, 우리가 오동나무로 부르는 중국명 모포동毛泡桐(*Paulownia tomentosa*)과 같은 속의 유사한 나무이다. 또한 『시경식물도감』을 보면 중국에서 동桐을 현재의 포동泡桐(*Paulownia fortunei*)이라고 했다. 오동에 대해서는, 현재 청동靑桐 혹은 오동梧桐, 즉 벽오동(*Firmiana simplex*)으로 밝혀 놓았다. 『식물의 한자어원사전』에서도 동桐을 포동泡桐, 일본에서는 오동나무를 뜻하고, 오梧는 벽오동이라고 했다. 결론을 내린다면, 고전에서 오梧나 오동梧桐은 벽오동이 거의 확실하다.

『천자문』의 오동조조梧桐早凋도 벽오동 잎이 일찍 시든다는 뜻이다. 소년
이로학난성少年易老學難成으로 시작하는 시 「우성偶成」 중 "섬돌 앞의 오
엽梧葉은 이미 가을 소리를(階前梧葉已秋聲)"의 오엽梧葉도 벽오동 잎일
것이다. 다음에 인용하는 『시경』의 시 「굽이진 언덕(卷阿)」에서 오동도 봉
황과 연관되어 있으므로 벽오동이다.

봉황새가 우네.	鳳凰鳴矣
저 높은 산등성이에서	于彼高岡
벽오동이 자라네	梧桐生矣
동쪽 기슭에서	于彼朝陽
벽오동 우거져서	菶菶萋萋
봉황새 소리 어우러지네.	雝雝喈喈

한편 동동桐은 『물명고』의 설명처럼 한 글자로 쓰이면 대부분 오동나무를
뜻한다. 하지만 벽오동으로 쓰일 경우도 있을 것이므로 문맥을 잘 살펴
야 한다. 청음淸陰 김상헌金尙憲(1570~1652)의 시 「초여름(初夏)」의 첫 구절
이 "동화桐華가 수없이 어지럽게 지는데(桐華無數落紛紛)"인데, 이때 동동桐
은 꽃 피는 시기로 보아 벽오동일 가능성이 크다. 금계錦溪 황준량黃俊良
(1517~1563)의 시 「곽대용이 부쳐준 시에 차운하다(次郭大容見寄)」에도 동
화桐華가 나온다. 이 시에 "자그마한 뜰에 봄은 깊어 배꽃이 지고(小庭春
老落梨花)"라는 구절이 있다. 배나무 꽃이 질 무렵의 봄 풍경을 읊었으므
로, 절기로 보아 동화桐華는 오동나무 꽃으로 보인다.

새 울고 꽃 지며 봄은 깊어가도	鳥啼花落春應老
얼음같이 희어진 귀밑머리는 녹지 않으리.	氷亂霜寒鬢未消
마지막 오동나무 꽃도 지려 하는데	最晚桐華行欲謝
그대 생각하며 걸음 옮기지만 마음은 무료하네.	思君才步意無聊

옛글의 나무를 찾아서

오동나무 꽃눈(2021. 1. 1. 인천) 오동나무 황금빛 꽃눈이 봄빛을 기다리고 있다.

이제 대구 팔공산 동화사桐華寺의 동桐이 오동나무인지 벽오동인지 살펴
보자. 동화桐華라는 표현은 『본초강목』에 보인다. 즉, "동화桐華는 통筒을
이룬다. 그래서 그 나무를 동桐이라고 한다. … 먼저 꽃이 피고 나중에 잎
이 나오므로 『이아』에서는 영동榮桐이라고 했다."*****라고 했다. 이때 동
화桐華는 오동나무 꽃을 말한다. 그리고 『민족문화대백과사전』의 '동화
사' 항목을 보면, "493년에 극달極達이 창건하여 유가사瑜伽寺라 하였다.
그 뒤 832년(흥덕왕 7)에 왕사 심지心地가 중창하였는데, 그때가 겨울철
인데도 절 주위에 오동나무 꽃이 만발하였으므로 동화사로 고쳐불렀다
고 한다."라는 설화가 수록되어 있다. 오동나무가 벽오동보다 꽃이 두어
달 먼저 피므로, 채 봄이 오기 전에 동화사의 동桐 꽃이 피었다면, 벽오동
보다는 '오동나무'일 가능성이 더 클 것으로 추정해본다. 실제로 2021년
1월 1일에 내가 보았던 오동나무는 꽃눈이 한껏 부풀어 황금색으로 빛
나고 있었다. 날씨가 며칠 따뜻해지면 금방이라도 보라색 꽃을 피울 듯
했다.

* 南方有鳥 其名鵷鶵 子知之乎 夫鵷鶵發於南海 而飛於北海 非梧桐不止 非練實不食 非醴泉不飲 -『莊子』

** 鳳 雄曰鳳 雌曰皇 其雛為鸑鷟 或曰鳳皇 一名鶠 非梧桐不棲 非竹實不食 -『毛詩草木鳥獸蟲魚疏』

*** 桐, 머귀나무 葉大徑尺 最易生長 皮色粗白 其木輕虛 不生蟲蛀 開白花如牽牛花 結實大如棗 殼內有子片 輕虛 殼裂則随風揚去 = 白桐 黃桐 泡桐 椅桐 榮桐 -『廣才物譜』

**** 梧桐, 벽오동 似桐而皮青不皴 其木無節 直生理細而性緊 其花細蕊 墜下如醵 其莢長三寸許 五片合成 老則裂開如箕 子大如胡椒 = 櫬 青桐 實穀名 橐鄂 -『廣才物譜』

***** 桐華成筒 故謂之桐 其材輕虛 色白而有綺文 故俗謂之白桐泡桐 古謂之椅桐也 先花後葉 故爾雅謂之榮桐 -『本草綱目』

동백冬栢

'말 못 할 사연을 가슴에 안은' 동백꽃과 산다화

동백나무(2018. 4. 16. 여수 금오도)

2018년 4월, 남도의 섬에 자라는 식생을 살펴보면서 동백꽃을 감상하러 여수 금오도로 간 적이 있다. 오후 늦게 섬에 내리니 부두 근처 언덕의 동백나무가 활짝 핀 붉은 꽃을 풍성하게 매달고 우리를 반겨주었다. 사철 푸른 잎새 사이에서 수많은 꽃송이가 노란 꽃술을 안고 붉게 만개한 모습이 여행객의 눈길을 사로잡았으나, 숙소로 이동해야 해서 오래 머물지 못했다. 다음 날 숲길을 걸으면서 다시 동백꽃을 감상했다. 동백나무는 나무껍질이 황갈색으로 매끈한데, 동백나무 숲 속에는 동백꽃이 통째로 툭툭 떨어져서 바닥을 붉게 물들이고 있었다. 동백꽃은 수정이 완료되고

동백나무 숲(2018. 4. 16. 여수 금오도)

나면 쓸모가 없어진 수술이 꽃잎과 함께 통째로 지는 것이라는 설명에
처연한 느낌이 들기조차 했다. 관상수로 심어진 동백나무 몇 그루씩만 보
아오던 나로서 이날 금오도에서 만난 동백나무 숲은 한창 개화기는 조금
지난 듯했지만 나의 감탄을 자아내기에 충분했다.

연전에 인기리에 방영되었던 드라마 「동백꽃 필 무렵」이 장안에 화제일
무렵, 나도 몇 차례인가 보았다. 주인공 이름이 동백이고 주인공이 일하
는 카페 이름이 까멜리아Camellia였다. 김유정金裕貞(1908~1937)의 소설
「동백꽃」은 봄의 전령사로 봄에 자잘한 노란 꽃을 피우는 생강나무를 가
리키는데, 이 드라마의 동백꽃은 카페 이름으로 보아 동백나무(Camellia
japonica L.) 꽃이 분명하다. 동백나무는 Camellia 속에 속하는 나무이기
때문이다. 이 속에는 잎을 우려 녹차를 만드는 차나무(Camellia sinensis)
도 들어있는데, 동백나무와 차나무가 근연 관계가 깊은 나무라는 사실
은 일반인에게 많이 알려지지 않은 것 같다. 차나무는 꽃잎이 흰색이지
만 꽃술이나 꽃 모양, 열매 모양에서 동백나무와 비슷하다. 같은 Camellia
속이지만, 동백나무는 일본을 뜻하는 japonica가, 차나무는 중국을 뜻하

차나무 꽃(2019. 10. 6. 순천 선암사)

는 *sinensis*가 종소명으로 사용되고 있는데, 속명인 *Camellia*로 동백나무를 지칭하는 것도 흥미롭다. 쓰임새로 보면 아무래도 차나무가 동백나무보다 많기 때문이다.

남쪽 지방에서 겨울에도 꽃이 피는 이 나무를 중국 고전에서는 산다山茶라고 했다. 『본초강목』을 보면 산다山茶는 "잎은 차의 일종으로 마실 것으로 만들 수 있어서 차茶라는 이름을 얻었다. 산다山茶는 남쪽 지방에서 나는데, … 잎이 차나무 잎과 비슷하고 두텁고 단단하며 모가 나 있다. 중간이 넓고 끝이 뾰족하며 표면은 녹색이고 뒤는 색깔이 엷다. 깊은 겨울에 꽃이 피며 붉은 꽃잎에 노란 꽃술이다."*라고 기록되어 있다. 『중국식물지』에서도 *Camellia japonica*를 산다山茶라고 소개하고 있다. 이로 보면, 중국인들은 동백나무와 차나무 사이의 유사성을 알고 있었고 모두 차로 활용했던 것이다. 또한 산다와 비슷하지만 매화가 필 무렵에 꽃이 핀다는 다매茶梅 혹은 산다화山茶花도 문헌에 보이는데, 이는 애기동백(*Camellia sasanqua*)을 말한다.

동백꽃 낙화(2018. 4. 16. 여수 금오도)

일본인들은 이 동백나무를 '쓰바키'라고 하고 한자로 춘춘椿을 쓰고 있다. 춘춘椿은 중국과 우리나라에서는 장수를 상징하는 참죽나무를 가리킨다. 한번은 송완범 교수가 번역한 『목간에 비친 고대 일본의 서울, 헤이조쿄』를 훑어보다가 눈이 번쩍 뜨이는 다음 구절을 발견했다. "사전 구실을 하는 자서字書 목간은 '동백椿(일본어 음으로 쓰바키)'이라는 큰 글자에 이어 작은 글자로 '쓰바키'ツ婆木'처럼 만요가나로 기재한 한자의 훈을 쓰고 있다." 일본에서 7세기 2/4분기에 쓰여졌다고 추정되는 목간 내용을 설명하는 곳에서였다. 즉 일본에서는 쓰바키, 즉 동백나무를 춘춘椿으로 사용한 역사가 깊었던 것이다. 이런 연유로 뒤마의 소설 『동백꽃 여인(La Dame aux Camelias)』을 일본인은 『춘희椿姬』로 번역했던 것이다. 이제 이 소설을 각색한 베르디의 오페라 「라트라비아타(La Traviata)」를 「춘희」로 번역하는 일은 없어야 할 것이다.

우리나라에서는 일찍부터 산다山茶를 동백나무라고 불렀는데, 고려시대의 문인 이규보李奎報(1169~1241)의 『동국이상국집』에 「동백화冬柏花」라는 시가 나오는 것으로 그 유래를 알 수 있다.

복사꽃 오얏꽃 아리따와도	桃李雖夭夭
덧없는 꽃이라 믿기 어렵고	浮花難可恃
소나무 측백나무 교태가 없어	松柏無嬌顔
귀한 것은 추위를 이겨내는 것.	所貴耐寒耳
이 나무는 어여쁜 꽃이 있는데	此木有好花
눈 속에서도 꽃을 피운다네.	亦能開雪裏
가만히 생각해보니 측백보다 나으니	細思勝於柏
동백이란 이름은 옳지 않구나.	冬柏名非是

정약용도 『아언각비』에서 산다山茶를 동백으로 설명한다. 즉, "산다라는
것은 남쪽 지방의 좋은 나무이다. … 내가 강진康津에 있을 때 다산茶山
속에 산다를 많이 재배하고 있었다. 비록 그 꽃의 품격과 젊은 자태가 자
첨子瞻(소식蘇軾의 자字)의 말과 같았지만, 겨울에도 잎이 푸르고 꽃도
피었다. 또한 그 열매는 여러 쪽이 서로 합쳐져 있어서 대략 빈랑檳榔과
비슷했다. 이것으로 기름을 짜서 머리에 바르면 끈적거리지 않아 부인들
이 귀하게 여겼으니 아름다운 나무라고 하겠다. 우리나라 사람들이 산다
를 갑자기 동백이라고 부르고, 봄에 피는 것을 춘백春柏이라고 한다."**라
고 설명한 것이다. 이렇듯 우리나라 고전에서는 동백나무를 저자의 기호
에 따라 동백이나 산다로 썼지만 나무에 대한 혼동은 없었다고 할 수 있
다. 고전에서 우리 선조들이 동백나무를 어떻게 표기했든, 현대를 살아
가는 우리 세대에게 동백꽃은 "동백 꽃잎에 새겨진 사연, 말 못 할 그 사
연을 가슴에 안고, 오늘도 기다리는" 이미자의 노래 「동백아가씨」나, 서
정주徐廷柱(1915~2000)의 시 「선운사동구禪雲寺洞口」의 이미지로 남아있
을 것이다.

선운사 고랑으로
선운사 동백꽃을 보러 갔더니

동백꽃은 아직 일러 피지 않았고
막걸릿집 여자의 육자백이 가락에
작년 것만 오히려 남았읍다.
그것도 목이 쉬여 남았읍다.

* 其葉類茗 又可作飮 故得茶名 … 山茶産南方… 葉頗似茶葉 而厚硬有棱 中闊頭尖 面綠背淡 深多開花 紅瓣黃蕊 -『本草綱目』

** 山茶者 南方之嘉木也 … 余在康津 於茶山之中 多栽山茶 雖其花品少態 誠如子瞻之言 葉旣多靑 花亦多榮 又其實多瓣相合 略似檳榔 以之榨油塗髮不膩 婦人貴之 亦嘉卉也 東人忽以山茶名之曰冬柏 其春榮者謂之春柏 -『雅言覺非』

력櫟

쓰임새가 없어서 천수를 누리는 상수리나무

상수리나무(2021. 1. 1. 인천 서구)

저력지재樗櫟之材라는 말이 있다. 저륵지재라고 하기도 한다. 옛날 학자들이 스스로 재주가 없음을 말할 때 쓰는 일종의 겸손한 말이다.『표준국어대사전』에서는 "가죽나무와 참나무 재목이라는 뜻으로, 아무 데도 쓸모없는 사람을 비유적으로 이르는 말"이라고 설명하고 있다. 나는 이 표현을 학창 시절에, 1969년 1월호《신동아》부록으로 나온『한국의 고전백선』을 보다가 이제현李齊賢(1287~1367)의『익재집』을 해설하는 글에서 처음 접했다. 다시 찾아보니 이제현의『역옹패설』서문을 인용하고 있는 곳이었다. 다음과 같다.

상수리나무 꽃차례(2019. 4. 21. 성남)

"이를테면 력櫟 자가 락樂을 따른 것은 성聲에 의한 것이다. 그러나 력목
櫟木이 부재不材로써 해害를 멀리 하였으니 그 나무 자체에 있어서는 즐
거울 만하다 해서 락樂을 따르게 된 것이다. 내가 일찍이 대부大夫의 래
반來班에 있다가 스스로 사면하고 졸拙함을 기르려고 력옹櫟翁이라 호號
를 하였으니 부재不材로써 수壽나 할까 한 것이요."

고려시대를 대표하는 대학자가 자신의 재주가 부족해서 호를 력옹櫟翁
이라고 하지는 않았을 것이다. 아마도 스스로 타고난 바를 즐기면서 장
수를 누리는 상징으로 력櫟 자를 사용한 듯하다. 그때 이후로 나는 이 글
자가 정확이 어떤 나무를 말하는지는 몰랐지만 일종의 신비한 느낌을 가
지고 있었다. 그 후 언젠가 저력지재의 출전이 『장자』라는 사실도 알게
되었다. 저樗는 가죽나무(*Ailanthus altissima*)이고 중국 원산인데 우리나
라에도 도입되어 마을 인근 곳곳에 자라고 있다. 력櫟은 참나무 종류임
에는 틀림없지만 어떤 나무인지는 분명치 않아서, 떡갈나무, 상수리나무,
갈참나무, 참나무 등으로 번역되고 있다. 이제부터 력櫟이 정확히 무슨
나무를 지칭하는지 알아본다. 우선 『장자』에서 해당 부분을 살펴보자.

가죽나무(2022. 9. 25. 춘천)

력櫟은 인간세人間世 편에서 뛰어난 목수인 장석匠石의 일화를 통해 소개된다. 장석이 제자들과 함께 제나라로 가다가 곡원曲轅에 이르러 사당 앞에 서 있는 거대한 참나무를 만났다. 장석이 그냥 지나치자, 나무를 실컷 구경하고 난 제자들이 이렇게 좋은 나무를 왜 거들떠보지도 않느냐고 묻는다. 이때 장석은 "그만두어라. 더 말하지 말라. 쓸데없는 나무다. 그것으로 배를 만들면 가라앉을 것이고, 관을 만들면 쉬 썩을 것이며, 그릇을 만들면 속히 깨질 것이고, 문을 만들면 진이 흐를 것이며, 기둥을 만들면 좀이 먹을 것이다. 이것이야말로 재목이 될 수 없는 나무다. 아무 쓸데가 없어서 이렇게 수명이 긴 것이란다."*라고 대답한다.

『이아』에는 "력櫟의 열매는 구梂이다."라고 나오는데, 1527년 편찬된 『훈몽자회』에서 구梂는 "당아리 구. 민간에서 조두皂斗 또는 상완아橡椀兒라고 부른다. 또 상두橡斗라고 한다."라고 나온다. 당아리는 깍정이인데 열매를 싸고 있는 받침을 말한다. 또한 『훈몽자회』에서 상橡은 '도토리 샹'으로 나오므로 상두橡斗를 풀이해보면 도토리 깍정이 정도가 될 것이다. 력櫟은 '덥갈나모 륵'으로 나온다. 덥갈나모는 현재 우리가 떡갈나무

(*Quercus dentata*)라고 부르는 것일 터이다. 1500년대에 최세진은 이 글자를 참나무의 일종인 떡갈나무로 생각했다.『동의보감』탕액 편에 력수피櫟樹皮가 나오는데, '덥갈나모 겁질'이라고 했으니, 허준도 떡갈나무로 봤던 것이다. 1796년경에 편찬된『전운옥편』에서는 력櫟을 "가죽나무와 비슷한 작柞 종류로 포력苞櫟이다."라고 했다. 여기에서는 무슨 나무를 말하는지 명확하지 않지만 이 글자의 발음이 '륵'에서 '력'으로 바뀐 것을 확인할 수 있다.

그 후, 1820년대에 편찬된 유희柳僖의『물명고』에서는 "력櫟은 상수리 열매의 나무이다. 혹은 장자에 의거하여 재목이 못 되는 것을 뜻한다. 곧 '덥갈'이라고 하는 것은 잘못이다."**라고 했다. 드디어 유희는 이 글자를 상수리나무로 보면서 떡갈나무라고 하는 것은 잘못이라고 말하고 있다. 그 후 지석영의『자전석요』에는 '도토리 력'으로, 박문서관 간행본『한일선신옥편』에도 '도토리나무 력'으로 되어 있다. 해방 후 1963년 간행된 동아출판사『한한대사전』에서는 '굴참나무 력'으로 설명하고 있고, 민중서림의『한한대자전』에는 '상수리나무 력'으로 되어 있다. 참고로 한글학회가 편찬한『우리말 큰사전』을 보면 상수리는 상수리나무 열매이고, 도토리는 떡갈나무 열매이다. 하지만 보통 사람들은 참나무의 열매를 구분하지 않고 모두 도토리라고 부르는 듯하다.

반부준의『시경식물도감』에서는 력櫟을 상수리나무(*Quercus acutissima*)로,『성어식물도감』에서는 갈참나무(*Quercus aliena*)로 설명하면서, 중국에 자생하는 50여 종의 참나무속(*Quercus*) 나무 중 상수리나무와 갈참나무가 가장 널리 분포하고 있다고 했다.『중국식물지』에서는 력櫟을 상수리나무(*Quercus acutissima*)로 보고, 현대 중국명 마력麻櫟, 력櫟, 또는 상완수橡碗樹라고 했다. 갈참나무(*Quercus aliena*)의 중국명은 곡력槲櫟이다. 또한 일본의 연구서인『식물의 한자어원사전』에서도 력櫟을 상수리나무로 보고 있다. 대신 곡槲은 떡갈나무로 본다. 그러므로 대체로 중

떡갈나무(2019. 2. 9. 남양주 천마산)

갈참나무 도토리(2019. 11. 2. 양평 사나사계곡)

상수리나무(2018. 12. 26. 경주) 상수리나무는 잎이 늦게까지 떨어지지 않는 경우가 많다.

국과 일본에서는 력櫟을 상수리나무로 이해했음을 알 수 있다.

사실 옛사람들이 이 글자를 쓸 때, 정확히 무슨 나무인지 구분하지 않고 일반적인 참나무를 지칭하면서 썼을 가능성이 크다. 하지만 력櫟에 대해서는 『물명고』에서 상수리나무라고 했고, 굴참나무도 잎 모양이 갈참나무보다는 상수리나무와 더 유사하며, 『한한대자전』에서 상수리나무라고 했으므로, 우리나라에서도 대체로 상수리나무로 이해해도 될 것이다. 조선 중기의 문신인 상촌象村 신흠申欽(1566~1628)은 뛰어난 글재주와 경륜으로 정승의 반열까지 오른 인물이다. 그는 "가죽나무와 상수리나무가 천성을 보존하는 이치를 안 지 오래라(久知樗櫟全天性)."라는 시구를 남긴 데서 알 수 있듯이, 임진왜란과 인조반정 등 역사의 소용돌이를 헤쳐나가면서 쓸모없는 나무가 천수를 누린다는 『장자』의 교훈을 잊지 않으면서 살았던 듯하다. 그의 「올해 쉰여섯이다. 거울을 보며 실없이 짓다(今年五十六矣 臨鏡戲書)」를 감상해본다.

거울 보며 늙었다고 싫어하지 말게나.　　　　　　臨鏡休嫌老

인생 살이 늙어가기도 어려운 일이거니   人生老亦難
눈 밝아서 아직은 글자도 알아보고   眼明猶識字
이 빠져도 충분히 먹을 수 있네.   齒落尙能餐
세상살이, 서툰 재주에 까치 집에 사는   涉世安鳩拙
비둘기처럼 편안하고
몸가짐은 상수리나무의 천수 누림을 본받는다네.   將身效櫟完
남은 여생은 양생법을 참고하여   殘年參內景
대환이라는 단약을 곧 얻으리.   已得大還丹

내가 자란 안동 도산면의 산골 마을에는 엄청나게 크고 곧게 자란 참나무 한 그루가 산 기슭의 농로 가에 자라고 있다. 보통 참나무를 베어 땔감으로 쓰는데, 이 나무는 너무 커서 함부로 벨 수 없는 마을의 한 상징물로 인정된 나무였다. 나는 스스로 즐겁게 살면서 수를 누리는 나무, 력櫟을 생각할 때마다 이 나무를 떠올렸다. 하지만 몇 해 전 고향 마을에 갔을 때 그 나무를 자세히 살펴보니, 상수리나무가 아니라 굴참나무였다.

상수리나무 수형(2021. 1. 9. 의성 지장사)

*已矣 勿言之矣 散木也 以為舟則沈 以為棺槨則速腐 以為器則速毀 以為門戶則液樠 以為柱則蠹 是不材之木也 無所可用 故能若是之壽 -『莊子』

**櫟, 橡實之樹也 或据莊生不材二字 遂謂딥갈 誤矣 -『物名考』

옛글의 나무를 찾아서

련棟

다산의 유배지 강진에서 사랑받는 멀구슬나무

멀구슬나무(2018. 12. 9. 진도)

2018년 10월에 조경업에 종사하시는 지용주 선생이 페이스북으로 흐뭇한 소식 하나를 전했다. 전남 강진의 들판 도로변에 있는 작은 녹지공간 조성 과정에서, 설계상으로는 아름드리 멀구슬나무를 베어내고 대신 느티나무를 심는 것이었지만, 어느 나무애호가의 노력으로 그 멀구슬나무가 살아남았다는 이야기였다. 그 멀구슬나무 고목을 품고 있는 녹지공간은 '강진만 생태공원, 멀구슬나무 쉼터'가 되었고, 다산 정약용 선생이 1803년에 쓴 「농가의 늦봄(田家晩春)」중에서 뽑은 시구를 예쁜 푯말에 써서 세워두고 있었다. 아마도 이 멀구슬나무가 살아남는 데 이 시가 조

83

금이라도 힘을 발휘했을 것이라고 짐작해본다.

> 비 갠 방죽에
> 서늘한 기운 몰려오고
> 멀구슬나무 꽃바람 멎고 나니
> 해가 처음 길어지네.
> 보리 이삭 밤사이 부쩍 자라서
> 들 언덕엔 초록빛이 무색해졌네.

당시 나는 단군신화의 단檀이 박달나무가 아닐지도 모른다는 생각으로, 각종 문헌에서 단檀이라는 글자를 쓰는 나무에 관심이 있을 때였다. 마침 멀구슬나무를 전단栴檀이라고 한다는 것을 읽은 후라, "문헌에 가끔 나오는 전단栴檀이 이 멀구슬나무라는 말이 있더군요. 남쪽에 가면 만나 보고 싶은 나무예요."라고 댓글을 달았다. 이 댓글을 달고 나서 다시 살펴보니 이는 잘못일 가능성이 큰 것이었다. 그래서 "아무래도 제 발언에 대해 책임을 져야겠기에 문헌을 조사했습니다. 일본에서는 멀구슬나무를 전단栴檀이라고 하는 게 맞지만, 고전이나 불교 경전에서는 전단을 단향(*Santalum album*)이라고 하네요. 곡우 지나 늦봄에 부는 바람을 연화풍棟花風이라고 한다는데, 이 연화가 멀구슬나무 꽃이라고 하네요."라고 댓글을 수정했다.

이런 사정이 있어서 나는 직접 멀구슬나무를 만나기 전에, 멀구슬나무가 고전에서 어떻게 나오는지를 살펴보게 되었다. 『중국식물지』와 『식물의 한자어원사전』 등에 의하면, 멀구슬나무(*Melia azedarach* L.)는 련棟, 또는 고련苦棟인데, 자화수紫花樹라고도 한다.

『본초강목』에서는 련棟을 다음과 같이 설명하고 있다. "고련苦棟이다. 열매 이름은 금령자金鈴子이다. … 련棟의 잎은 물건을 익힐 수 있어서 련

강진생태공원 멀구슬나무(2018. 10. 1. ⓒ지용주)

강진생태공원 멀구슬나무 쉼터 푯말 (2018. 10. 1. ⓒ지용주)

멀구슬나무 열매(2018. 12. 9. 진도)

棟이라고 했다. 그 씨앗은 작은 방울 같고 익으면 황색이 되므로 금령金
鈴이라고 했는데, 이는 모양을 본뜬 것이다. … 나무 높이는 한 길이 넘으
며, 잎은 회화나무처럼 빽빽한데 더 크다. 3~4월에 꽃이 피고 홍자색紅紫
色이다. 향내가 뜰에 가득해지며 열매는 탄환 같은데 처음에 청색이다가
익으면 황색이 되며 12월에 딴다. … 세시기歲時記에 '교룡蛟龍이 련楝을
두려워하므로 단오에 이 잎을 싸서 떡으로 만들어 강 가운데 던져서 굴
원屈原에게 제사 지낸다'라고 했다."*『본초강목』의 이 설명은 바로 멀구
슬나무의 잎과 열매, 꽃을 묘사한 것이고, 음력 3~4월에 꽃이 핀다고 했
지만 우리나라에서는 양력 5~6월에 핀다.

『동의보감』 탕액 편에는 연실練實이 나오는데, "일명 금령자金鈴子이다.
… 나무 높이는 한 길이 넘으며, 잎은 회화나무처럼 빽빽한데 더 크다.
3~4월에 꽃이 피고 홍자색紅紫色이다. 향내가 뜰에 가득해지며 열매는
탄환 같은데, 처음에 청색이다가 익으면 황색이 되며 12월에 열매를 딴
다."**라고 설명하고 있다. 앞에서 소개한 『본초강목』의 설명과 일치하고
있어서 이 연실練實이 멀구슬나무 열매임을 알 수 있다. 『동의보감』에서

멀구슬나무 꽃(2021. 5. 22. 고창군청)

는 연실 앞에 당唐이라고 표기하고 있고, 바로 다음 연근練根을 설명한
부분에서는 "우리나라에는 오직 제주에만 있고 다른 곳에는 없다."***라
고 한 점은 특기할 만하다. 아마도 약재로서 연실은 1600년대 당시 주로
중국에서 수입해 썼으나, 멀구슬나무가 제주에 자라고 있음은 알려진 듯
하다. 1800년대 초반의 『물명고』와 『광재물보』, 『명물기략』에도 련楝과
고련苦楝은 한글 표기 없이 『동의보감』과 비슷한 설명으로 등장한다.

『전운옥편』에는 "나무 이름, 회화나무(槐)와 비슷하다. 고련苦楝"으로 나
오며, 『자전석요』와 『한선문신옥편』에는 '고련나무 련'으로 기록되어 있
다. 재미있는 것은 일제강점기 중엽에 발간된 『한일선신옥편』에서 "단나
무 련, 아후찌(アフチ)"라고 적고 있는 점이다. 일본어의 'アフチ'는 '오우
치(おうち)'라고도 하며, 바로 전단栴檀(せんだん)을 말한다. 즉, 일본에서
는 멀구슬나무를 한자로 전단栴檀이라고 했는데 이 영향을 받은 듯하다.
이러한 일본 식물명의 영향은 1930년대 전반에 발간된 『선한약물학』에
서도 고련자苦楝子를 "전단(センダン)의 자실子實이니라."라고 설명한 것
에서도 확인할 수 있다.

멀구슬나무 잎과 열매(2018. 11. 10. 제주 청수곶자왈)

그러므로 우리나라 고전에서도 련棟은 멀구슬나무를 뜻하는 글자로 사용된 것임을 알 수 있다. 멀구슬나무라는 이름은 『조선식물향명집』에 보이는데, 제주도 방언에서 채록한 것이라고 한다. 이를 반증하듯, 가람 이병기李秉岐(1891~1968)의 1924년 8월 3일자 일기에서 "오늘 들은 제주 말"을 적은 것 중에 '먹귀실나무(苦練根)'****가 나온다. 정태현의 『조선삼림식물도설』에서도 우리말 이름으로 멀구슬나무와 구주목 2가지를 들고 있고, 한자명으로는 련棟, 고련苦棟 등을 나열하고 있다. 이제 강진의 '멀구슬나무 쉼터' 푯말에 일부 인용되었던 정약용의 시 「농가의 늦봄(田家晚春)」*****을 다시 감상해본다.

비 개인 방죽에 서늘한 기운 몰려오고	雨歇陂池勒小涼
멀구슬나무꽃 바람 멎고 나니 해가 처음 길어지네.	棟花風定日初長
보리이삭 밤 사이에 부쩍 자라서	麥芒一夜都抽了
들 언덕엔 초록빛이 무색해졌네.	減却平原草綠光
괸 물에 잔물결 푸른 산에 아롱지고	泥水漪紋漾碧靴

두레박 한가하게 샘가에 누워있네.　　　　　　　　櫟槹閑臥井邊莎

멀구슬나무는 낙엽교목으로 5~6월에는 자주색 꽃이 아름답고, 겨울이
되어 잎이 지면 가지마다 주렁주렁 매달고 있는 황갈색 열매가 인상적이
다. 나는 고대하던 멀구슬나무를 2018년 11월 제주도 답사에서 처음으
로 만날 수 있었다. 회화나무처럼 잎은 우상복엽이었다. 금령자金鈴子라
불리는 열매도 자세히 관찰했다. 그 후 해남, 진도, 영광 등지에서 멀구슬
나무들을 만날 수 있었다. 겨울 모습도 한결같이 멋있었는데, 5월에 꽃이
피면 얼마나 아름다울까?

* 棟, 苦棟, … 實名金鈴子 … 棟葉可以練物 故謂之棟 其子如小鈴 熟則黃色 名金鈴 象
形也 … 木高丈餘 葉密如槐而長 三四月開花 紅紫色 芬香滿庭 實如彈丸 生青熟黃 十二
月採之 … 歲時記言 蛟龍畏棟 故端午以葉包粽 投江中祭屈原 -『本草綱目』

** [唐]練實 … 一名金鈴子 … 木高丈餘 葉密如槐而長 三四月開花 紅紫色 芬香滿庭 實
如彈丸 生青熟黃 十二月採實 -『東醫寶鑑』

*** 練根… 我國惟濟州有之他處無 -『東醫寶鑑』

****『가람문선』(이병기, 신구문화사, 1966) 제2부 일기초

*****「전가만춘」송재소 번역

목란木蘭, 신이辛夷

고결한 봄의 전령사 목련, 백목련, 자목련

자목련(2019. 4. 28. 안동 체화정)

아직 찬 기운이 가시지 않은 이른 봄, 노란 개나리와 함께 하얀 목련
이 풍성하게 피면 우리는 비로소 봄을 실감한다.『한국의 나무』에 의하
면, 우리가 목련으로 부르는 흰색 꽃을 피우는 나무로는 제주도에 자생
하는 목련(*Magnolia kobus*)과 중국 남부 지방 원산의 백목련(*Magnolia
denudata*)이 있다. 우리나라 중부 지방의 정원에는 대부분 백목련이 심어
져 있지만 가끔 목련을 식재하기도 한다. 또한 꽃잎 양쪽이 모두 자주색
인 자목련(*Magnolia liliiflora*)도 있고, 백목련의 변종으로 꽃잎 바깥쪽만
홍자색인 자주목련도 있다. 이 목련은 고대에도 시인이나 민초들의 사랑

을 받았을 것으로 생각되나, 현존하는 『시경』에는 나오지 않는다. 그러나 고대 중국 남방 문학을 대표하는 굴원屈原(B.C 353~ B.C 278)의 『초사』에는 나온다. 아마도 목련이 중국에서도 남부 수종이어서 그럴 것이다.

노년이 점점 다가오니 　　　　　　　　　　老冉冉其將至兮

고결한 이름을 남기지 못할까 두렵습니다. 　恐脩名之不立

아침에는 목련에서 떨어지는 　　　　　　朝飲木蘭之墜露兮

이슬을 받아 마시고

저녁에는 가을 국화의 떨어지는 　　　　夕餐秋菊之落英

꽃잎을 먹습니다.

실제 제 마음이 고결하고 한결같다면 　　苟余情其信姱以練要兮

오랫동안 먹지 못해 야윈들 　　　　　　長顑頷亦何傷

무엇이 아프겠습니까?

－「이소離騷」중에서

난새와 봉황은 날마다 멀리 날아가고 　　　鸞鳥鳳皇 日以遠兮

백목련 꽃(2020. 3. 28. 성남) 자목련보다 꽃이 일찍 핀다.

제비와 **까마귀**들은 전당과 제단에 깃드네.   燕雀烏鵲 巢堂壇兮

신초와 신이는 무성한 숲에서 죽는구**나**. 露申辛夷 死林薄兮

비린내 누린내 **나**는 것은 모두 중용되고 腥臊并御

향기로운 것은 가까이 다가가지도 못하네. 芳不得薄兮

음양이 자리를 바꾸었으니 때가 맞지 않네. 陰陽易位 時不當兮

충정을 품고도 뜻을 잃어 방황하니,   懷信佗傺

나는 홀연히 떠나가리.   忽乎吾將行兮

　　－「구장九章 섭강涉江」 중에서

초나라 왕족이자 재상이었던 굴원이 유배당했을 때 썼다는 「이소離騷」와 「구장九章 섭강涉江」의 이 구절들은 역량과 충심을 가졌음에도 쫓겨난 신세이지만 고결한 마음을 지키겠다는 시인의 결의가 느껴진다. 중국 남부 초나라 지방에 자랐을 목란木蘭과 신이辛夷는 모두 이러한 심정을 대변하는 나무로 목련의 일종이다.

『본초강목』에서 이시진李時珍(1518~1593)은 목란木蘭에 대해 "난蘭 향기에 연꽃 비슷하여 이름이 붙었다. … 목란木蘭은 가지와 잎이 모두 성글고 꽃은 안쪽이 희고 바깥은 자주색이다. 또한 사계절 피는 것도 있다. 깊은 산속에 자라는 것은 매우 큰데 배를 만들 수 있다. 그 꽃은 홍紅, 황黃, 백白의 여러 색이 있고, 그 나무의 수피는 세밀하고 속은 황색이다."라고 했다. 또한 신이辛夷에 대해서는 "신이화辛夷花는 가지 끝에서 처음 나올 때 포苞의 길이가 반촌半寸(약 1.5cm)이고 끝이 뾰족하여 붓 머리처럼 엄연儼然하다. 겹겹이 청황색의 털이 덮여있고 길이는 반분半分(약 1.7mm) 정도이다. 피어나면 작은 연꽃 비슷하고 잔盞 정도 크기이다. 자주색 포苞에 붉은 꽃술로 연꽃 및 난초 향기가 난다. 꽃이 흰색인 것은 사람들이 옥란玉蘭으로 부른다."[**]

이러한 『본초강목』의 설명을 보면 목란과 신이가 뚜렷이 구별되는 것 같

목련 꽃눈(2022. 3. 6. 오산 물향기수목원)

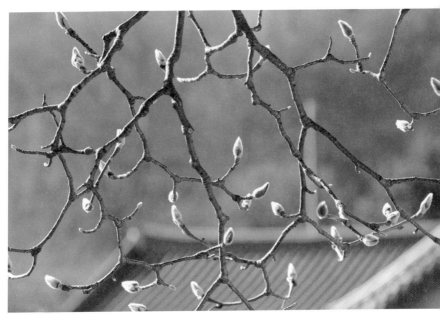

백목련 꽃눈(2020. 1. 18. 남한산성)

개나리(2022. 4. 2. 청계산) 개나리 꽃이 신이화로 불리기도 했다.

지는 않다. 하지만 『중국식물지』나 『초사식물도감』 및 몇몇 본초학 서적을 참고해보면, 현대 중국에서는 대개 목란木蘭을 백목련(중국명 옥란玉蘭)으로, 신이를 자목련(*Magnolia liliiflora*, 중국명 자옥란紫玉蘭)으로 보고 있다. 일부에서는 목란과 신이를 모두 '자목련'으로 보기도 한다.

우리나라 문헌을 살펴보면, 『동의보감』 탕액 편에서 신이辛夷를 '붇곳', 즉 붓꽃으로 우리말 훈을 달았다. '붇곳'은 목필木筆의 '붓'과 관련이 깊은 이름으로, 목련류를 가리킨 것으로 볼 수 있다. 그 후 『물명고』에서는 신이辛夷에 대해, 『본초강목』의 설명을 인용하면서 "높이는 3~4장丈으로 먼저 꽃이 핀 후 잎이 난다. … '붓꽃'. 또한 가디꽃'이라고 한다."***라고 설명했다. 또한 목란木蘭은 '신이의 한 종류'라고 했다. 그리고 옥란玉蘭은 "신이와 비슷한데 꽃이 순백색이다."라고 했다. 『선한약물학』에서도 신이를 목란과 '붓꽃'으로 훈을 달았다. 이러한 해석은 대개 『본초강목』의 설명을 따른다고 할 수 있다. 반면, 우리나라 고전 번역서들은 목란木蘭을 '목란', '모란', '목련' 등으로 번역하고 있고, 신이辛夷는 '하얀 목련', '개나리', '신이화', '붉은 목련꽃', '백목련' 등으로 번역하고 있다. 이 가운데 목란木

목련 꽃(2021. 3. 26. 성남)

蘭을 모란이라고 하는 것은 분명한 오역이다.

그러나 신이辛夷를 '개나리(Forsythia koreana)'로 보는 것은 좀 검토해볼 사안이다. 일제강점기인 1931년에 발간된 『한국의 들꽃과 전설』에서는 개나리 그림 옆에 한글과 한자로 '신이화辛夷花'가 적혀 있다. 플로렌스 여사가 머물렀던 전남 순천 지방에서는 개나리를 '신이화'로도 불렀음을 알 수 있다. 이러한 사실은 이덕무李德懋(1741~1793)가 『청장관전서』 '육서책六書策'에서 물명이 잘못된 사례를 설명할 때 "연교連翹를 신이辛夷라고 하고"라고 한 것에서도 볼 수 있다. 한약재 연교는 당개나리(Forsythia suspensa) 열매인데, 우리나라에서는 당개나리 대신 개나리를 대용한 듯하고, 『조선식물향명집』을 보아도 개나리를 연교라고 하고 있다. 아마도 민간에서 개나리를 '신이화'로 불렀던 듯하고, 일부 문헌에서도 개나리를 '신이화'로 묘사했을 가능성이 있다.**** 그렇다고 하더라도 중국 문헌에서 인용하거나 소교목의 맥락을 가지고 있으면 신이는 '자목련'으로 해석해야 할 것이다.

부용(2022. 8. 12. 제주도 성산)

유박柳璞(1730~1787)의 『화암수록』에 7등품 꽃으로 목련木蓮이 "속칭 목
부용木芙蓉이다. 담박한 벗으로 흡사 백련白蓮과 같고 향기가 매우 진하
다. 흑목련黑木蓮도 있다. 습기를 좋아한다."*****라고 소개되어 있다. 속
칭 목부용木芙蓉이라고 했고, 같은 책의 '화개월령花開月令'을 보면 음력 6
월에 핀다고 되어 있으므로 부용(*Hibiscus mutabilis* L.)을 가리키는 듯하
다. 우리나라에서 목련과 백목련은 이른 봄에 피는 데 반해 부용은 8월
부터 피기 때문이다. 부용은 한문으로 목부용木芙蓉, 거상화拒霜花로 불
렸으며 목련木蓮으로도 불렸다.******

해마다 한식 즈음에 나는 동생들과 함께 선친 묘소를 찾는다. 그러나 코
로나 바이러스가 창궐하던 2020년 봄에는 성묘를 못 했다. 미안한 마음
으로, 낙전당樂全堂 신익성申翊聖(1588~1644)의 칠언절구 「경치를 읊어 합
귀당盍歸堂에 부치다」*******를 감상해본다.

목련 꽃이 지니 복사꽃 피어나고   辛夷初落小桃開
살구꽃 배꽃 차례로 꽃단장 거두르네.   杏臉梨粧次第催

목련(2022. 4. 10. 서울 한양도성)

나그네 마음 한식 지나 참으로 어지러워   客意正迷寒食後

비바람 몰아치는 강가에서 홀로 누대에 오르네.   滿江風雨獨登臺

*『초사』(권용호 옮김)에서 인용

** 木蘭, 其香如蘭 其花如蓮 故名 … 木蘭枝葉俱疏 其花內白外紫 亦有四季開者 深山生
者尤大 可以爲舟 … 其花有紅黃白數色 其木肌細而心黃. 辛夷, 辛夷花 初出枝頭 苞長半
寸 而尖銳儼如筆頭 重重有靑黃茸毛順鋪 長半分許 及開則似蓮花而小如盞 紫苞紅焰
作蓮及蘭花香 亦有白色者 人呼爲玉蘭. -『本草綱目』

*** 辛夷, 高三四丈 先花後葉 花初出 苞長半寸 而尖銳 儼如筆頭 重重有靑黃茸毛 及開
似蓮花而小 紫苞紅焰 作蓮及蘭花香 봇곶 亦名 가디곶 -『物名考』

**** 일제강점기의 언론인 문일평文一平(1888~1939)이 쓴 수필 「白松의 美」에 다음과
같은 구절이 나온다. "朝鮮에는 世界에 없는 단 하나인 『扇木』이라는 植物이 있다. 扇木
은 그 果實이 團扇狀으로 되어 있으므로 그와 같은 名稱을 붙인 것인데 그것이 辛夷花
비슷하나 그 葉이 조금 작고 그 花는 희고도 어느덧 桃花色을 띤 아름다운 植物로서 忠
淸北道 鎭川草坪面 以外에는 없다고 한다. 學術上 아주 興味있는 植物인 同時에 園藝의
觀賞用으로서도 매우 價値있는 植物이라고 하는 것이 아닌가." 이 구절에서 선목扇木은
우리나라 특산종인 미선나무임에 틀림없다. 그러므로 선목扇木과 비슷한 신이화辛夷花
는 개나리를 말한다. 이로 보면 일제강점기 언론에서도 개나리를 신이화로 표기한 듯하
다.

***** 木蓮, 俗名木芙蓉, 淡友 恰似白蓮 香氣郁烈 且有黑木蓮 好濕 -『花菴隨錄』

****** 『물명고』에서 목련木蓮을 목란木蘭, 목부용木芙蓉, 벽려薜荔, 즉, 백목련, 부용, 벽
려(Ficus pumila L.)의 3가지 서로 다른 나무로 설명하고 있다.

******* 조선시대 문인들이 신이辛夷를 정확히 자목련으로 인식했을 것 같지는 않다. 이
글에서는 '신이'꽃이 진 후 복사꽃이 핀다고 했는데, 대개 자목련은 백목련보다 늦게 복
사꽃과 비슷한 시기에 핀다. 이런 점으로 미루어 백목련일 가능성이 있다. 시어임을 감안
하여 그냥 목련으로 번역한다.

백柏

측백나무가 언제부터 잣나무로 전해지게 되었을까?

측백나무(2021. 6. 5. 강화도 이건창 생가)

학창 시절에 나는 백柏을 '잣나무 백'자로 배웠다. 추사秋史 김정희金正喜(1786~1856) 선생이 세한도 서문을 쓰면서 인용한『논어』의 유명한 구절인 '세한연후지송백지후조歲寒然後知松柏之後彫'도, 성백효의『현토완역 논어집주』를 보면 "날씨가 추워진 뒤에야 소나무와 잣나무가 뒤늦게 시듦을 알 수 있는 것이다."라고 해설하고 있다. 이뿐만 아니라, 이가원의『논어신역』에서도, 한상갑 역주의 삼성판세계사상전집『논어』에도, 이우재의『논어읽기』에서도 마찬가지다. 즉, 내가 읽은 모든 논어 번역서들은 백柏을 잣나무로 번역하고 있으니 아마 이 땅의 많은 사람도 잣나무로 알고 있을 것이다. 하지만 『논어』의 이 백柏은 잣나무(*Pinus koraiensis*)가 아니라 측백나무(*Platycladus orientalis*)이다. 반부준의 『시경식물도감』이나 『성어식물도감』을 보면 백柏을 측백나무로 설명하고 있다. 의문이 생겼다. 소나무과와 측백나무과는 잎의 모양이 현저하게 다르고, 옛날부터 중국에서 소나무를 송松 자로 쓰고 측백나무를 백柏 자로 썼다면 왜 우리나라에서는 모두 백柏을 소나무과에 속하는 잣나무로 생각하게 된 것일까?

얼마 전, 일제강점기 때 간행된 『한일선신옥편』을 만지작거리다가 우리나라에서 대표적으로 사용된 옥편이나 자전 등 문헌을 중심으로 추적해 보기로 했다.

중국 고대 경전에 나오는 물명을 주석한 책인 『이아』에는 "백柏은 국椈이다."라고 나오는데, 국椈을 민중서림 『한한대자전』에서 찾아보면 '측백나무 국'으로 나온다. 『이아』에서는 이 글자를 측백나무로 본 것이다. 조선 중기에 간행된 『시경언해』에서는 "汎범한 뎌 柏백舟쥐 | 여"라고 해석하여

측백나무 잎과 구과(2022. 7. 16. 서울숲)

우리말 훈을 달지 않았다. 『논어언해』에서도, "歲세ㅣ寒한 한 然연後후 에 松송栢백의 後후에 彫됴 하난 줄을 아나니라."라고 해석하여 우리말 훈을 달지 않았다.

1527년 편찬된 최세진의 『훈몽자회』에는 "栢백은 '즉백 백'이다. 속칭 편송(납작한 소나무)이다."라고 나온다. 최세진은 측백나무로 이해한 것이 분명하다.

1613년에 초간본이 간행된 『동의보감』 탕액 편에는 '백실栢實'의 한글 이름을 '측백나모 여름'으로 기록하고 있다. 허준 선생도 栢을 측백나무로 이해했다.

정조 시대인 1796년경에 편찬된 『전운옥편』에는 "栢은 측백나무이다. 나무는 다 양지를 좇는데, 栢은 음지를 향하고 서쪽을 가리킨다. 귀정鬼廷이라고도 한다."*라고 나온다. 귀정鬼廷이라고 한 이유를 이해하자면 『속박물지』에 나오는 고사 하나를 알아야 하는데, 내용은 다음과 같다. "진나라 목공穆公 때에 어떤 사람이 땅을 파서 양羊과 비슷한 동물을 잡았는데, 장차 진상하려고 했다. 길을 가다가 동자童子 둘을 만났는데, '이 동물의 이름은 온(蝹 혹은 媼)입니다. 항상 땅속에 있으면서 죽은 사람의 뇌를 먹지요. 만약 이 동물을 죽이자면 동남쪽으로 난 측백나무(柏) 가지를 그 머리에 꽂으면 됩니다.'라고 말했다. 이런 이유로 무덤에 모두 측백나무를 심게 되었다. 또 栢을 귀정鬼廷이라고 하게 되었다."** 그러므로 『전운옥편』에서도 栢을 측백나무로 본 것이 분명하다. 栢은 柏의 속자이다.

1820년대 유희柳僖(1773~1837)가 편찬한 『물명고』에는 "栢, 잎은 기울어져서 서쪽을 향한다. 옛날에는 백白을 따랐지만 드디어 백百을 잘못 따르게 되었다. 栢에는 4종류가 있으나, 柏 한 글자만 쓰면 측백側柏이다.

측백나무 자생지 풍경(2018. 4. 8. 안동 구리) 천연기념물 제252호.

측백나무 종자(2019. 12. 21. 남한산성)

옛글의 나무를 찾아서

즉백 = 측백側柏, 즙백汁柏, 국편송㮮扁松."*** 그러므로 1820년대 유희는 분명히 이 글자를 측백나무로 주석을 달고 있다.

『광재물보』에는, "백柏, 측백. 모든 나무는 양지를 향하는데 백柏만 서쪽을 가리킨다. 열매 모양은 작은 방울 같다. 서리가 내린 후 4쪽으로 벌어진다. 씨앗 크기는 보리 낟알과 같다. 향기가 사랑할 만하다."****라고 하여 잣나무가 아닌 측백나무의 성격을 묘사하고 있다.

이상에서 보면, 조선시대에는 백柏을 분명하게 측백나무로 이해하고 사용하고 있었다고 할 수 있다. 송松과 같이 쓸 때엔 반드시, 편송匾松이나 국편송㮮扁松, 편송扁松이라고 하여, 측백나무의 한쪽으로 기울어져 납작한 잎 모양을 표현했다. 대신 잣나무를 나타낼 때에는 오엽송五葉松이나 해송海松을 썼다. 특히, 1446년에 간행된『훈민정음해례』용자례用字例에도 "잣은 해송海松이라고 한다(잣為海松)."라고 기록했다.

이렇게 각종 문헌에서 백柏은 측백나무이고, 잣나무는 해송海松이라고 했지만, 조선 후기에 백柏을 '잣나무'로 혼용해서 썼던 모양이다. 박상진의『우리 나무의 세계 2』를 보면, 1783년경에 간행된『왜어유해』에서는 백柏을 잣나무라 했다고 한다. 정약용丁若鏞(1762~1836) 선생은『아언각비』에서 이 문제를 다음과 같이 지적하고 있다.

"백柏은 측백側柏이다. 즙백汁柏이라고도 한다.『비아』에서는, '백柏에 여러 종류가 있고, 잎이 작고 기울어져 자라는 것이 측백이다.'라고 했다. 『본초』에서 일컫은 측엽자側葉子가 이것이다. 그 씨앗은 백자인柏子仁이라고 한다. 이것은 날마다 쓰고 있어서 쉽사리 알 수 있는 물건이다. 해송海松은 유송油松이다. 과송果松, 오렵송五鬣松이라고도 한다. 오립송五粒松이라고도 한다. 우리나라의『동여지지』산골 군郡의 토산土産에 모두 해송자海松子가 실려 있고, 또한 날마다 쓰고 있어서 쉽게 알 수 있는 것이다. 지금 민간에서 홀연히 과송果松을 백柏이라고 부른다. 산골 군郡에서 과송자果松子(잣)를 누구에게 바칠 때, 문득 '백자柏子 몇 말이다.'라고 하고, 어린이를 가르칠 때 '백柏은 과송果松[방언은 '잔홨' 자를 꺾어 읽는 소리]이다.'라고 말해준다. 어찌 잘못이 아니겠는가?"*****

정약용 선생이, 백柏을 잣나무로 부르는 것은 잘못이라고 밝힌 후에도 백柏에 대해서는 혼동이 지속된 것으로 보인다. 이제 구한말, 일제강점기 이후의 옥편이나 자전을 살펴보자.

1909년부터 출판된 지석영의 『자전석요』에서는 "柏 백, 측백나무 국楠이다. 측백나무 백."으로 분명하게 측백나무임을 밝히고 있다. 이 『자전석요』는 1920년대까지 증보되면서 여러 번 출판되었는데, 당시 우리나라에서 가장 많이 애용한 자전이라고 한다.

1935년경 경성의 박문서관에서 출판한 『한일선신옥편』을 보면, "백柏, 잣나무(백). 나무가 소나무 같고 늘 푸르다. 그 열매는 조금 크고 맛이 좋다."라고 나온다. 드디어 잣나무로 설명하는 옥편이 나온 것이다.

1950년에 초판이 간행된 한글학회의 『큰사전』에는, "백엽다柏葉茶 : 동쪽으로 벋은 잣나무의 잎을 따서 말렸다가 달인 차", "백엽주柏葉酒 : 측백나무 잎을 담갔다가 건져낸 술", "백자柏子 : 잣", "백자당柏子糖 : 잣엿", "백자말柏子末 : 잣가루", "백자인柏子仁 : 한의-측백나무 열매의 씨. … 약으로 씀" 등으로 용례가 혼용되어 있다. 흥미 있는 것은, 1957년 간행된 『큰사전』의 잣나무 항목에서는 "솔과에 딸린 상록교목. …(과송=果松, 송자송=松子松, 오렴송=五鬣松, 오립송=五粒松, 오엽송=五葉松, 유송=油松, 해송=海松, *Pinus koraiensis*)"로 설명하여 한자어 표기에 백柏을 사용하지 않은 점이다. 한편 측백나무 항목 설명에는 한자어 표기로 측백側柏을 쓰고 있다.

잣나무 잣송이(2018. 7. 22. 감악산)

잣나무 숲 풍경(2022. 12. 11. 고성)

1966년 초판이 발행된 후 1991년에 26쇄까지 발행한 『한한대자전』에서는, "柏(1) 나무이름 백 측백나무 곧 側-과, 노송나무 곧 扁-의 총칭.(2) (韓)잣나무 백, 잣백 소나무과에 속하는 상록교목, 또 그 열매. -葉茶."로 되어 있다. 즉, 우리나라에서는 잣나무라고 설명한 것이다.

즉, 『자전석요』까지는 명확하게 백柏을 측백나무로 설명하다가, 일제강점기가 오래 지속된 후인 1930년대 『한일선신옥편』에서 잣나무로만 설명한 후 거의 모든 사전에서 잣나무를 우선해서 설명하고 있는 셈이다. 이것이 『왜어유해』의 영향으로 시작되어 혼동을 야기한 것이 아닌가 생각해볼 수도 있지만 아직 확신할 수는 없다. 『왜어유해』는 일본어 역관들이 일본인에게 물어서 정리한 일본어 어휘집인데, 정작 일본에서는 당시에 백柏을 '잣나무'로 보지는 않은 것 같다. 2008년 6월 일본에서 간행된 『식물의 한자어원사전』에서는 백柏에 대해, 중국에서는 측백나무(*Platycladus orientalis*)이지만 일본에서는 떡갈나무(*Quercus dentata*)를 지칭한다고 설명하고 있다.

그러면 왜 우리나라에서만 백柏을 잣나무로 볼까, 궁금해하다가 어느 날 양주동 선생이 1948년에 편찬한 『국문학정화』를 뒤적이다가 그 실마리를 풀 수 있었다. 바로 『두시언해』를 인용하는 부분에서 두보의 시 「고백행古柏行」이 다음과 같이 실려있었기 때문이다.

孔明ㅅ 廟ㅅ알픽 늘근 잣남기 잇ᄂᆞ니　　　　孔明廟前有老栢

가지ᄂᆞᆫ 프른 구리쇠 ᄀᆞᆮ고 불휘ᄂᆞᆫ 돌 ᄀᆞᆮ도다　　柯如青銅根如石

원본 『두시언해』를 확인해보지는 못했지만, 『두시언해』 초간본은 1481년에 간행되었다. 이때부터 '노백老栢'이 '늘근 잣남기'로 번역되어 있다면, 우리나라에서 백柏을 '잣나무'로 본 것은 『두시언해』에서 비롯되었다고 할 수 있다. 『두시언해』는 그 후 여러 차례 중간되면서 널리 사용되었으므로, 우리나라 일각에서 백栢을 잣나무로 이해하게 된 데에는 『두시언해』의 영향이 크다고 하겠다. 또한 1937년에 간행된 아동 교육서인 『계몽편언해』도 "衆중木목之지中중에 松송栢백이最최貴귀니라"를 "뭇나무에 가온대에 솔과 잣나무가 가장 귀한 거시니라"로 훈을 달아서, 아이들이 백栢을 잣나무로 배우도록 함으로써 이러한 이해를 정착시켰다.

『중국식물지』에 의하면, 우리나라에 자생하는 잣나무는 중국에서는 동북부 장백산 지대 및 길림성에만 자란다고 한다. 반면 측백나무는 중국 서북부 내몽고 남부 지방부터 호남성, 광동성 북부 지방까지 광범위하게 자생한다. 즉, 잣나무가 공자가 주로 활동한 지역에는 자라지 않는 점으로 보아도, 중국 고전에 나오는 백栢은 잣나무가 아닌 측백나무가 분명하다. 조선시대 문헌에서도 백栢은 대개 측백나무일 것이다. 추사가 「세한도」를 그릴 때에도 그림의 간략한 표현만으로 나무 종류를 정확히 판정하기는 어렵지만 분명 소나무와 측백나무를 그렸을 것이다. 그림 속에서 고목이 있는 오른쪽 2그루와 왼쪽 2그루가 표현 방법이 조금 다른데, 오른쪽은 소나무, 왼쪽은 측백나무가 아닐까? 그러나 조선 중기 이후에는 일부 혼용해서 썼을 것이므로 문맥에 따라 정확히 번역해야 하는데 그것은 사실상 대단히 어렵다. 예를 들면, 무덤 주위를 둘러싼 송백松栢이라고 했을 때 고전의 문맥상으로는 소나무와 측백나무임이 틀림없지만 글을 쓴 당사자는 소나무와 잣나무를 생각하고 썼을 가능성이 크기 때문이다.

* 柏 백 椈也 木皆屬陽 ㅣ向陰指西又鬼廷 -『全韻玉篇』

** 秦穆公時 有人掘地 得物若羊 將獻之 道逢二童子謂曰 此名爲蝹 常在地中 食死人腦 若欲殺之 以柏東南枝揷其首 由是墓皆植柏 又曰柏爲鬼廷 -『續博物志』

*** 柏 葉側向西 古從白 遂誤從百 柏有四種 而單言柏則側柏也. 측빅 = 側柏, 汁柏, 椈扁松 -『物名考』

**** 柏 측빅. 萬木皆向陽而柏獨指西 楸狀如小鈴 霜後四裂 子大如麥粒 芬香可愛 = 椈,

측백나무(2022. 12. 25. 창경궁)

側柏, 扁松 -『廣才物譜』

***** 柏者 側柏也 汁柏也 埤雅云柏有數種 其葉扁而側生者 謂之側柏 本草所稱側葉子 是也其仁曰柏子仁 此日用易知之物也 海松者 油松也 果松也 五鬣松也 [亦名五粒松] 吾

東輿地志山郡土產 咸載海松子 亦日用易知之物也 今俗忽以果松呼之爲柏 山郡以果松
子饋人 輒云柏子幾斗 其訓蒙稗 訓柏曰果松 [方言如戔字摺聲] 豈不誤哉 -『雅言覺非』

보리수菩提樹

깨달음을 상징하는 나무에서 겨울나그네까지, 보리수와 피나무

피나무 꽃(2019. 7. 6. 정선)

성문 앞 우물가에 서 있는 보리수,
나는 그 그늘 아래 단꿈을 보았네.
가지에 희망의 말 새기어 놓고서,
기쁠 때나 슬플 때나 찾아온 나무 밑

슈베르트의 가곡 「보리수(Der Lindenbaum)」이다. 벌써 오래전 일인데,
『한국의 나무』 공저자인 김태영 선생과 함께 남양주 천마산을 걸으면서
하늘을 향해 아름드리로 자란 멋진 피나무를 감상한 적이 있다. 이때 김

선생은, 우리가 아는 슈베르트의 가곡 「보리수」는 나무 이름을 잘못 번역한 거라며 부처님의 깨달음을 상징하는 나무인 인도보리수나 우리가 열매를 먹기도 하는 보리수나무와는 관계가 멀다고 했다. 대신 린덴바움 Lindenbaum은 우리나라에 자생하는 피나무(*Tilia amurensis*)나 찰피나무(*Tilia mandshurica*)와 비슷하다고 했다. 그 얼마 후 오산의 물향기수목원에 갔을 때 유럽피나무(*Tilia × europaea* L.)를 보았다. 아쉽게도 꽃은 지고 열매가 익어가고 있었다. 피나무 꽃이 만발할 때 그 나무 아래 앉아 꽃 향기를 음미하고 싶다는 생각을 했는데, 그 후 2017년 6월 초에 미국 여행을 갔다가 워싱턴 근교 알렉산드리아 구 시가지에서 미국피나무 꽃 향기를 마음껏 맡을 수 있었다. 짙은 꽃 향기에 취해 있자니, 과연 그 그늘 아래에서 단꿈을 꿀 수 있을 듯했다.

아마도 슈베르트가 노래한 린덴바움을 우리가 '보리수'로 보게 된 배경을 이해하려면 우리나라의 해외 교류사를 모두 들춰봐야 할지도 모르겠다. 원래 '보리수菩提樹'는 석가모니가 그 나무 아래에서 깨달음을 얻은 후 불교를 상징하는 대표적인 나무가 되었고, 우리나라에는 인도에서 중

보리수나무 꽃(2021. 5. 2. 성남)

미국피나무(2017. 6. 6. 미국 버지니아주 알렉산드리아)

국을 통해 불교 문명과 함께 삼국시대에 전래된 말이다. 그리고 슈베르트
의 연가곡 「겨울 나그네」에 나오는 보리수는 우리가 근대 서양 문명을 일
본을 통해 도입할 때 소개되었을 것이기 때문이다.

우선 독일어 린덴바움Lindenbaum은 영어의 Tilia 혹은 Linden으로 피
나무속에 속하는 나무를 말하는데, 독일에는 주로 넓은잎피나무(*Tilia
platyphyllos*)와 작은잎유럽피나무(*Tilia Cordata*), 혹은 유럽피나무가 많
다. 슈베르트가 노래한 린덴바움도 이 나무들 중 하나일 것이다.『한국의
나무』에 의하면 우리나라의 Linden tree로는 피나무와 찰피나무가 전국
적으로 자생하고 있고, 보리자나무(*Tilia miqueliana*)가 전국의 사찰 일대
에 심어져 있다.

이제 슈베르트의 린덴바움을 '보리수'로 번역하게 된 단서를 같은 Linden
tree중 하나인 '보리자나무'에서 볼 수 있다. 석가모니의 깨달음을 함께
한 진짜 '보리수'는 우리가 현재 '인도보리수(*Ficus religiosa*)'라고 부르는
무화과나무속의 상록활엽수인데, 이 나무는 열대지방 나무로 우리나라

작은잎유럽피나무(코다타피나무) 수형(2021. 8. 29. 한택식물원)

에는 자랄 수 없다. 그러므로 불교계에서 중국 남부 지방 원산의 보리자
나무를 '보리수'로 대용했는데, 이 흔적이 슈베르트 가곡 번역에 남아있

보리자나무(2019. 3. 23. 장성 백양사)

인도보리수(2017. 12. 25. 베트남 호치민시티 식물원)

는 것이다. 나는 2017년 12월에 베트남 호치민시티의 식물원에서 인도 보리수를 처음으로 친견했는데, 길다란 꼬리의 심장형 잎이 인상 깊었다. 보리자나무 잎 모양도 심장형으로 인도보리수 잎과 일견 비슷한데, 아마도 이 때문에 보리수 대용이 되지 않았을까 추정해본다.

슈베르트의 가곡 「보리수」의 린덴바움은 보통 영어권에서는 'linden tree', 혹은 'lime tree'로 번역하고 있다. 얼마 전 감리교 목사인 류형기柳瀅基 (1897~1989)가 편집하여 1946년에 간행한 『신생영한사전』을 볼 기회가 있었다. Linden 항목을 찾아보니 "(植) 보리樹, 菩提樹(= lime-tree)"라고 되어 있고 'linden' 나무의 가지와 잎, 그 독특한 포가 달린 꽃 삽화까지 기재되어 있었다. 그렇다면 아마도 일제강점기와 해방 후 참조할 수 있었던 영한사전은 모두 linden을 '보리수'로 설명하고 있었을 가능성이 큰데, 린덴바움을 '보리수'로 번역하게 된 데에는 이러한 영한사전 류의 영향이 컸다고 하겠다.

『신생영한사전』의 편집자 머리말을 보면 주로 당시에 영어를 일본어로 해설하는 영일사전류를 기초로 편찬했음을 밝히고 있다.* 그러므로 일본에서 서양 학문을 수입할 때 linden tree를 불교에서 '보리수'로 대용하는 보리자나무와 비슷한 점에 착안하여 '보리수'로 번역하고 이 영향이 고스란히 우리나라에 이어졌다고 볼 수 있는 것이다. 실제로 1925년 간행된 『일본식물도감』과 1924년 간행된 『식물명감』 등을 찾아보면, '보리자나무'를 일본에서 보리수菩提樹(ぼだいじゅ)로 불렀음을 알 수 있다. 참고로 정태현이 1943년에 간행한 『조선삼림식물도설』에서도 달피나무(Tilia amurensis, 현재 피나무로 통합됨)와 염주나무(Tilia megaphylla, 현재 찰피나무로 통합된 것으로 보임)의 한자명을 보리수菩提樹로 기록하고 있다. 이는 우리나라에서도 피나무속의 나무를 보리수라고 불렀음을 보여준다.

호기심이 생겨서 학창 시절에 애용했던 민중서림 영한사전도 살펴보았다. 현대에 통용되는 이 사전에서도 linden을 "植. 린덴(참피나무속의 식물; 참피나무·보리수 따위)"로 설명하고 있다. 아직도 우리는 linden을 보리수로 배우고 있는 셈인데, 이는 수정되었으면 한다. 그렇지만 슈베르트의 가곡 「보리수」를 '피나무'로 바꾸어보면 연가戀歌의 분위기가 살아나지 않으니 고민스럽긴 하다. 이 피나무과의 나무 중에 찰피나무는 중국의 고전 『시경』 소아小雅의 「남산에는 사초가 있고(南山有臺)」 등에 '뉴杻'**라는 글자로 나온다.

남산에는 **가죽나무** 있고	南山有栲
북산에는 찰**피나무**가 있네.	北山有杻
즐거워라 군자여	樂只君子
어찌 오래 사시지 않으랴.	遐不眉壽
즐거워라 군자여	樂只君子
칭송 더욱 높으시기를.	德音是茂

『시경식물도감』은 뉴杻를 현대 중국명 요단遼椴(*Tilia mandshurica*), 즉 찰피나무로 설명하면서, 중국 화북華北 지역에 자라는 피나무속의 나무 여러 종이 뉴杻일 것이라고 했다. 우리나라 전역에 자라는 피나무와 찰피나무는 6~7월에 꽃이 피고 매우 향기롭다. 모두 큰 키로 자라는 교목이어서 나무 높은 곳에 꽃이 피어도 향기만 풍길 뿐 가까이 보기는 쉽지 않은 경우가 많다.

나는 슈베르트의 가곡 속 '보리수'가 피나무속의 나무임을 알고 난 후, 산길을 걸을 때마다 피나무와 찰피나무를 살폈다. 천마산, 남한산성, 청계산, 화야산, 치악산, 화악산, 태백산, 개인산, 정선 등지에서 피나무와 찰피나무는 만났는데, 볼 때마다 조금은 낭만적인 분위기에 젖을 수 있었다. 그 하트 모양의 잎이며, 향기로운 꽃, 독특한 주걱 모양의 포에 매달

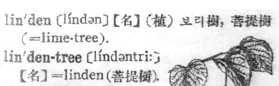

1946년판 『신생영한사전』, linden 보리수

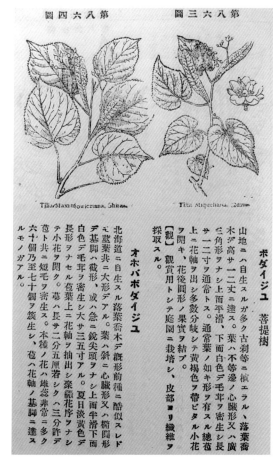

1924년판 『식물명감』, 보리자나무(Tilia miqueliana)
= 보리수菩提樹(ぼだいじゅ)

피나무 꽃(2019. 7. 7. 정선)

린 열매는 얼마나 아름다운가? 붉은 빛이 감도는 오동통한 겨울눈도 아름답다. 특히 2019년 7월 석회암 지대의 식물상을 관찰하러 정선에 갔을 때는 바로 코 앞에서 만발한 피나무 꽃을 감상하는 행운을 누렸다. 나는 그 은은한 꽃 향기를 맡으며 한참 동안 행복에 젖어 있었다.

* 本書를 編纂함에 있어서 우리는 最大量의 知識을 最少量의 紙面에 收合하는 同時에 學徒의 視力을 保護하려는 丹誠으로 從來 學生界에서 愛用된 硏究社 '스쿨英和辭典'을 基礎로 하고, 同社 '新英和大辭典', 富山房 '大英和辭典', 大倉書店 '大英和辭典', 三省堂 '英和大辭典', '콘사이쓰英和新辭典', The Concise Oxford Dictionary, Webster's Colleageate Dictionary 等을 參考하여 本辭典을 만들었다. … 一九四六年八月十五日 柳瀅基. - 『신생영한사전』 머리말

** 『시경』(이가원, 허경진 공찬) 참조

비파枇杷

비파 모양 잎을 가진 사철 푸르른 비파나무

비파나무(2020. 11. 15. 서귀포)

『천자문』에 "벽오동은 일찍 시들고, 비파는 늦도록 푸르네(梧桐早凋, 枇杷晩翠)."라는 구절이 있다. 초등학교 시절 선친으로부터 "비파 비, 비파 파, 늦을 만, 푸를 취"라고 읽으며『천자문』의 이 구절을 배울 때, 나는 나무나 과일보다는 비파琵琶라는 악기를 떠올렸던 듯하다. 왜냐하면 나무나 과일 이름으로 비파는 몰랐기 때문이다. 내가 처음으로 비파나무를 만난 것은 10여 년 전 가을 영암의 어느 마을에서였다. 당시 여행 목적이 나무 감상은 아니었지만, 안내인이 큼지막한 푸른 잎에 꽃망울이 맺혀있는 나무를 보고 비파나무라고 알려줬을 때, 이게 바로『천자문』의 그 비파나

119

무구나! 라는 생각에 한참 눈길이 머물렀다. 그러다가 2018년 12월 초순, 식물애호가 모임에 참여하여 해남의 달마산을 답사하다가 미황사에서 꽃이 시들고 있는 비파나무 고목을 만났다. 이때에는 일행들 앞에서 천자문의 "비파만취枇杷晚翠, 오동조조梧桐早凋" 구절을 읊조리기도 하면서 한참 동안 이리 보고 저리 보면서 나무를 감상했다.

『본초강목』은 비파枇杷에 대해 다음과 같이 소개하고 있다. "그 잎 모양이 비파琵琶를 닮아서 이름이 붙었다. … 나무 크기는 1장丈(3m) 남짓하고 가지가 무성하다. 긴 잎은 크기가 나귀의 귀 같고 뒷면에는 노란 털이 있으며, 짙은 그늘에 너울거리는 모양이 사랑스럽다. 사철 시들지 않고 한겨울에 흰 꽃이 핀다. 3~4월이 되면 열매가 맺는데 소복이 모여 달린다. 탄환 크기로 자라는데, 익을 때의 색은 노란 살구 같다. 털이 조금 있고 가죽은 아주 얇다. 핵은 크기가 상수리 같고 황갈색이다. 4월에 잎을 채취하여 햇볕에 말려서 사용한다."* 이 설명은 비파나무의 특징을 나열한 것임을 알 수 있다.

비파나무 꽃(2018. 12. 8. 해남 달마산 미황사)

『중약대사전』,『중국식물지』,『일본식물도감』및『식물의 한자어원사전』등 중국과 일본 문헌에서도 비파는 비파나무(*Eriobotrya japonica*)라고 일관되게 설명한다. 우리나라에서도 비파나무 잎이 약재로 쓰였기 때문에, 비파에 대한 혼동은 없었던 듯하다. 장미과에 속하는 비파나무는 중국 중남부 원산으로, 우리나라에는 현재 제주 및 남부 지방에서 재배하고 있다. 11월에서 1월 사이에 꽃이 피고, 지름 3~4cm의 열매가 이듬해 7~8월에 황색으로 익는다.

비파는 고려시대 말, 포은圃隱 정몽주鄭夢周(1337~1392)가 명나라에 사신으로 남경을 다녀올 때 지은 시「양주에서 비파를 먹다(楊州食枇杷)」에도 등장한다. 이 시 결구에 "초나라 강가에서 비파를 맛보니, 씨앗을 품어서 동쪽 나라에 심고 싶어라."**라고 했는데, 정몽주가 정말로 비파 씨앗을 우리나라에 가져와서 심어봤는지 궁금하다. 설령 정몽주가 비파 씨앗을 가져왔다고 하더라도 고려의 수도였던 개경에서는 자라지 못했을 것이다.

지금은 비파나무를 남부 지방에서 볼 수 있지만 조선시대까지만 해도 우리나라에는 없었던 듯하다. 왜냐하면『동의보감』탕액 편에서 비파엽枇杷葉에 중국을 뜻하는 '당唐'이라는 글자를 표기하고 있는데, 이는 적어도 1600년대 당시에는 우리나라에서 재배되지 않았음을 나타낸다. 비파는 조선시대에 중국을 다녀온 사신들 글에도 거의 보이지 않는다. 명나라가 1421년에 남경에서 북경으로 수도를 옮긴 후부터는 사신으로 중국을 다녀왔다고 하더라도 비파는 구경하기 어려웠을 것이다. 대신 임진왜란 후 일본을 다녀온 사신들, 즉 강홍중姜弘重(1577~1642), 조경趙絅(1586~1669), 홍우재洪禹載(1644~?), 남용익南龍翼(1628~1692), 신유한申維翰(1681~1752), 조명채曹命采(1700~1763), 김기수金綺秀(1831~1894) 등의 글에 비파가 진귀한 과일로 등장한다. 이 중 조경의 시「비파편枇杷篇」을 조금 길지만 전체를 읽어본다.

비파나무(2018. 12. 8. 해남 달마산 미황사)

내가 일찍이 촉도부를 읽었는데	嘗讀蜀都賦
능금과 비파가 있었네.	林檎與枇杷
능금은 기이한 과일이 아니너	林檎非異果
복숭아나 자두와 다를 것이 없으나,	桃李無等差
비파는 어떤 것인지 몰라서	枇杷是何物
우물 안 개구리 처지를 자못 탄식했다네.	坐井良可嗟
지금 바다 바깥 나라에 오니	今來海外國
마침 비파가 익을 때라.	正値枇杷熟
섬 주인이 한 바구니를 보내왔는데	島主餉一籠
고루 둥근 것이 용안 비슷하구나.	均圓似龍目
차고 달기는 옥정玉井의 연보다 낫고***	冷甘井蓮避
껍질을 벗겨내너 포도가 숨어있네.	蟀發蒲萄僕
이빨로 깨물자 입에 침이 고이고	經齒口生津
목구멍으로 넘어가너 가슴이 산뜻해지네.	下咽胸自澹
꽃은 언제 피느냐고 물어보니	開花問何時
겨울철로 접어들 때라네.	時卦初轉坎

옛글의 나무를 찾아서

비파나무 열매(2022. 3. 6. 오산 물향기수목원 온실)

열매는 언제 맺는가 물어보니	結果問何時
월령을 살피더니 여름철이라네.	朱明按月令
다른 이름은 노귤이고,	一名是盧橘
맛과 성질이 귤이나 유자와 같은데	柑柚同味性
하서 우공禹貢 편에 공물로 실려 있지 않으니	苞貢闕夏書
구주의 경내에선 생산되지 않았네.****	產非九州境
어떻게 하면 이 파일을 금쟁반에 담아서	安得薦金盤
우리 임금님께 바칠 수 있을까?	一獻君王聖
다시 생각하니 삼대 시절에는	翻思三代時
먼 고장의 물건을 귀하게 여기지 않았네	而不貴遠物
수많은 말들이 산골짝에서 죽으니	百馬死山谷
여지(리치)가 나라의 근심거리였다네.*****	荔芰屬漢疾
먹다가 뱉으며 세 번 탄식하고서	吐哺三歎息
너희 비파 열매에게 고마워하노라.	謝爾枇杷實

「촉도부蜀都賦」라는 글에서만 보았던 비파를 일본 사행에서 실제로 맛본

비파나무 꽃(2018. 12. 9. 진도 첨찰산)

감동을 조경趙絅은 한 편의 시로 멋지게 표현하고 있다. 임진왜란 후 사신들이 일본에서 보았던 이 비파나무가 실제로 우리나라에는 일제강점기 초기까지도 도입되지 않은 듯하다. 그러다가 1937년 간행된 『선한약물학』은 비파에 대해 "가정에 재배하나니라."라고 기재하고 있어서 일제강점기에 우리나라에서 재배되었을 가능성을 보여준다. 하지만 1937년 『조선식물향명집』이나, 1943년 『조선삼림식물도설』, 1957년 『한국식물도감』 목본부 등에는 비파나무가 등장하지 않는다. 아마도 당시에 비파나무가 우리나라에 도입되었다고 하더라도 널리 재배되지는 않은 사실을 반영하는 듯하다.

그 후, 1956년 이영노, 주상우 공저의 『한국식물도감』에는 "산에 자라기도 하나 보통 집안에 재배하는 늘 푸른 큰키나무"로 다시 비파나무가 등장한다. 그리고 1966년에 임업시험장에서 발간한 『한국수목도감』과 1971년 농촌진흥청에서 간행한 『약용식물도감』에 비파나무가 나오는데, "일본산으로 남쪽에서 과수 또는 관상용으로 심고 있는 상록소교목"이라고 소개되어 있다. 앞의 두 문헌은 모두 이창복 등이 편찬에 참여했다

고 한다. 한편 1991년에 간행된 『민족문화대백과사전』을 보면, 비파나무
가 "원산지는 중국과 일본의 남쪽 지방으로 우리나라에 도입된 지는 약
60년이 된다."라고 하여 1930년대에 도입되었을 가능성이 큼을 말해주
고 있다.

비록 우리나라에서 재배된 역사는 길지 않지만, 비파나무는 이제 우리
나라 제주도나 남부 지방에서 조경용, 약용, 식용으로 심어 가꾸는 아름
다운 나무이다. 나는 겨울철에 피는 비파 꽃은 여러 번 감상했지만, 아직
열매는 보지 못했다. 언젠가 노랗게 익은 비파 열매를 볼 날이 있을 것이
다. 그때, 조경趙綱이 "이빨로 깨물자 입에 침이 고이고, 목구멍으로 넘어
가니 가슴이 산뜻해지네."라고 묘사한 그 비파 맛을 음미하면서, 어릴 때
배웠던 "비파 비, 비파 파, 늦을 만, 푸를 취"를 흥얼거리고 싶다.

* 枇杷. 其葉形似琵琶 故名 … 木高丈餘肥枝 長葉大如驢耳 背有黃毛 陰密婆娑可愛 四
時不凋 盛多開白花 至三四月成實作梂 生大如彈丸 熟時色如黃杏 微有毛 皮肉甚薄 核大
如芋栗 黃褐色 四月採葉 曝乾用 -『本草綱目』

** 稟性生南服 貞姿度歲寒 葉繁交翠羽 子熟簇金丸 藥裏收爲用 氷盤獻可湌 嘗新楚江
上 懷核種東韓 -『圃隱集』楊州食枇杷

*** 태화봉 꼭대기 옥정의 연은, 꽃이 피면 열 길이요 뿌리는 배만 한데, 차갑긴 눈서리 같
고 달기는 꿀 같아서, 한 조각 입에 넣으면 고질병이 낫는다네.(太華峯頭玉井蓮 開花十
丈藕如船 冷比雪霜甘比蜜 一片入口沈痾痊) -『韓愈』古意

****『書經』의 하서夏書는 하夏나라 시대 사관이 기록한 것이다. 그 중 우공禹貢 편은 우
禹임금이 홍수를 다스리고 구주九州를 정한 사적인데, 각 고을에서 세금으로 올릴 공물도
기록하고 있다. 그 중 양주揚州의 특별 공물로 橘과 柚가 보인다. -『書經』

***** 양귀비가 중국 남방의 과일 리치(Litchi chienensis), 즉 여지를 좋아해서, 양귀비에게
신선한 여지를 바치느라 많은 말들이 죽고, 나라의 근심이 되었다는 말이다. 두보의 「병
귤病橘」에 "생각하면 옛날 남해의 사자들, 여지를 바치러 달려왔었지. 일백 마리 말이 산
골짝에서 죽었으니 지금도 노인들이 옛일을 슬퍼하네(憶昔南海使 奔騰獻荔枝 百馬死山
谷 至今耆舊悲)"가 있다.

삼杉

근대에 조림된 남부 지방의 삼나무, 그리고 잎갈나무

삼나무(2018. 4. 15. 여수 금오도)

2018년 여름 제주도에서 도로를 확장하기 위해 울창한 삼나무 숲의 일
부를 베었다가 여론의 질타를 받은 적이 있다. 이 삼나무는 일본을 대표
하는 나무로, 임경빈의 『나무백과 5』에 의하면, 일제강점기에 부산시 상
수도 수원림을 조성할 때 삼나무가 편백과 함께 많이 심어진 후, 우리나
라 남부 지방 곳곳에 자라게 되었다. 이렇게 도입된 삼나무는 제주도에서
방풍림으로 많이 심었다고 하므로, 예의 도로 확장 공사에서 베어진 삼
나무들도 그중 일부일 것인데, 결국 여론이 나빠지면서 벌목은 중단되었
다. 이때 도입종 나무를 보호할 필요가 있는지도 논쟁 거리였는데, 보호

옛글의 나무를 찾아서

필요성의 기준은 여러 가지가 있겠지만 최소한 도입종과 자생종이 그 잣대가 되어서는 안 될 것이라는 생각이다. 우리가 천연기념물로 보호하는 나무 중에 은행나무, 회화나무, 백송 등 도입종들이 많기 때문이다. 방풍림이나 도로 확장의 편익과 숲의 가치를 잘 고려하여 결정할 문제이다.

영어로 Japanese red cedar로 불리는 삼나무(*Cryptomeria japonica*)는 측백나무과에 속하는 상록 침엽수로 일본이 원산지이다. 이 삼나무의 일본명은 '스기'인데, 한자 삼杉을 쓰고 있어서 우리나라에 도입될 당시부터 '삼나무'로 불리었을 것이다. 삼杉은 중국과 우리 고전에 가끔 등장하는 글자이다. 『당시식물도감』이나 『식물의 한자어원사전』을 참조해보면, 중국 고전에서 삼杉 혹은 삼목杉木은 우리나라에서 넓은잎삼나무(*Cunninghamia lanceolata*)로 부르는 나무로 영문명이 Chinese fir이다. 이 나무도 중국 원산으로 우리나라에는 근래에 조경수로 도입된 나무이다. 즉, 삼나무나 넓은잎삼나무는 우리나라에 자생하지 않으며, 조선시대까지는 국내에 도입되지 않은 나무라서 우리 고전에서 삼杉이 무슨 나무인지 이해하는 데 많은 어려움이 있었던 듯하다. 이제 우리 선조들이 삼杉

삼나무 숲(2019. 10. 6. 순천) 하늘을 향해 곧게 뻗은 아름드리 삼나무들이 숲을 이루고 있다.

을 어떻게 이해했는지 알아본다.

삼杉은 우리 옛말의 보고인 『훈몽자회』에는 나오지 않는다. 『전운옥편』에는 "杉삼 나무 이름이다. 소나무 비슷하고 선재船材로 쓰인다."라고 설명했다. 유희의 『물명고』에는 '익가', 『광재물보』에는 '익가나무'라고 설명되어 있다. 이것을 보면 1800년대 당시에는, 우리나라 금강산 이북의 높은 산지에서 자라는 '잎갈나무(*Larix gmelinii*)'를 삼杉으로 이해한 흔적이 보인다. 정약용은 이것이 잘못되었다고 보고, 『아언각비』에서 이 글자를 다음과 같이 고증하고 있다.

즉, "삼杉은 여러 층을 이루면서 곧게 자라는 나무이다. [젓나무]. 우리나라 사람들이 잘못 알고 익가弋檟라고 했다. [익가나무]. 그리고는 진짜 삼杉을 회檜라고 일컬었다. 한 번 잘못되고 두 번 잘못되니 바로잡을 때가 없다."*라고 적고 나서, 『본초강목』의 다음 구절을 인용한다.

"삼목杉木은 삼粘이다. [음 또한 삼杉이다]. [강목綱目에 이르기를] 일명 사목沙木이다. [본초本草에 이르기를] 일명 경목㯶木이다. … 남중南中 심산深山에 많이 있는 나무이다. 소나무류로, 곧고 바르며 잎은 가지에 붙어 자라고 바늘 같다. [이아爾雅 주에 이르기를] 곽박郭璞이 말하기를, 삼粘은 송松과 비슷한데 강남江南에서 자라고, 배(船)와 관棺의 재목으로 쓸 수 있다. 기둥을 만들어 묻으면 썩지 않는다. 또한 인가에서 일상적으로 쓰는 통이나 판을 만들면 물에 잘 견딘다. 구종석寇宗奭이 이르기를, 삼杉의 줄기는 바르며 곧다. 대체로 소나무같이 겨울에도 시들지 않는다. 다만 잎이 넓어지면서 가지를 이룬다. … 이시진李時珍이 이르기를, 삼杉 나무 잎은 바늘처럼 단단하고 작고 모가 나 있다. 풍나무 열매와 같은 열매를 맺는다."*

그리고 몇 가지 전거를 더 든 후 정약용은, "이러한 여러 문헌을 고찰해보

삼나무 구과(2018. 4. 16. 여수 금오도)

전나무 구과(2021. 9. 11. 소백산)

면, 삼杉은 민간에서 말하는 이른바 젓나무(檜)이다. 관재棺材로는 삼杉만한 것이 없는데, 이름과 사물이 한번 잘못되니 배를 만드는 재목으로만 알게 되었는데, 애석할 따름이다."*라고 설명했다.

즉, 정약용은 삼杉을 전나무(젓나무)로 보고, 이를 잎갈나무라고 하는 것은 잘못이라고 주장하고 있는 것이다. 정약용은 『아언각비』의 다른 글에서, 당시 사람들이 회檜를 젓나무로 잘못 알고 있다고 보고, 회檜는 만송, 즉 향나무라고 밝힌 바 있다. 그러나 이 글에서 삼杉을 다시 회檜 자를 써서 전나무로 설명한 것은 좀 더 살펴볼 필요가 있다. 왜냐하면, 위에 인용한 『본초강목』의 나무 설명을 보면, 열매 모양이 작은 구 모양의 풍나무(楓香樹, *Liquidambar formosana*) 열매와 같다고 했으므로 전나무의 원추형의 큰 구과毬果 열매와는 다르기 때문이다. 결국 삼나무가 자생하지 않은 현실에서 정확한 나무 종을 식별하는 데에는 정약용 같은 대학자도 한계가 있었던 것이다.

황필수黃泌秀(1842~1914)의 『명물기략』에는 삼杉이 다음과 같이 소개되어 있다. "삼杉나무는 수간樹幹이 단정하며 곧고, 대체로 소나무 같으며 겨울에 시들지 않는다. 다만 잎이 단단하고 조금 모가 나 있는데 가지에 붙어서 나고 가시 바늘 같다. 풍나무(楓) 열매 같은 열매를 맺는다. 기둥으로 만들어 묻으면 썩지 않는다. 정다산丁茶山이 '전나무'로 판별한 것이 이 나무이다. 대개 삼杉을 점粘으로도 쓰는데 그 음흄이 '점'이다. 그래서 민간에서 바뀌어서 '전나무'로 된 것인데 이는 잘못이다. 예전에는 나누지 않다가 중간에 와전되어 회檜라고 말하게 된 것이다."** 즉 황필수黃泌秀도 정약용 선생이 삼杉을 전나무로 본 것은 잘못 이해한 것이라고 한 것이다.

좀 더 문헌을 살펴보면, 구한말에 출간된 『자전석요』에서는 "杉삼. 나무 이름, 수긔목 삼", 1913년 간행 『한선문신옥편』에서는 "杉 삼나무 삼. 나

전나무(2022. 12. 10. 설악산 백담사 계곡)

무 이름, 소나무 비슷, 선재船材", 그리고 1930년대의 『한일선신옥편』에
서는 "杉 수긔목 삼, 일본명 '스기'"라고 설명했다. 현대의 『한한대자전』에

전나무(2022. 12. 10. 백담사 계곡)

서는 '杉 삼목 삼'으로 설명하고 있다. 흥미로운 것은 지석영의 『자전석요』에서 훈으로 단 '수긔목 삼'의 '수긔'가 일본명 '스기'일 가능성이 있다는

삼나무 수피(2019. 10. 6. 순천)

점이다. 이미 이때에는 부산 지방에 삼나무가 일본으로부터 도입되었기 때문이다.

조선시대 때 일부 문헌에서 잎갈나무나 전나무로 봤던 삼杉은 일제강점기에 일본에서 삼나무가 도입되면서부터 상대적으로 혼란이 줄어든 듯하다. 이런 상황을 감안하면, 이제 고전을 번역할 때 출전이 중국 고전이면 삼杉을 '넓은잎삼나무'로 보는 것이 타당할 것이다. 그렇지만 한시를 번역할 때 넓은잎삼나무로 번역해야 할지 그냥 삼나무라고 해야 할지는 잘 판단이 서지 않는다.

정약용 선생이 밝히려고 했던 삼杉은 중국 고전의 나무이므로 넓은잎삼나무일 터인데, 현대 식물 분류의 향명으로는 일본에서 도입된 나무에 '삼나무'라는 이름을 먼저 부여함으로써 어쩔수 없이 이 나무는 '넓은잎'이라는 수식어를 달아야 했을 것이리라. 이러한 사정과 시어임을 감안하여 삼나무로 번역하고 주석으로 달아주어도 좋을 듯하다. 하지만 넓은잎삼나무는 잎이 뾰족한 바늘형이고 열매가 둥글다는 측면에서 삼나무와

잎갈나무(2021. 4. 10. 오대산 상원사)

잎갈나무 구과(2021. 10. 23. 치악산 상원사)

옛글의 나무를 찾아서

비슷하지만 삼나무와는 속이 다른 나무이다. 이제 두보의 시 「영회고적詠懷古跡」 한 편을 읽어보자.

촉蜀나라 임금 유비가 오吳나라 치려고	蜀主征吳幸三峽
친히 삼협에 왔다가	
돌아가신 해에도 영안궁에 있었네.	崩年亦在永安宮
쓸쓸한 산 속에서 화려한 임금 행차 생각하니	翠華想像空山里
궁전은 허무하게 들판의 절이 되었구나.	玉殿虛無野寺中
옛 사당의 삼나무***와 소나무에 학이 둥지를 틀고	古廟杉松巢水鶴
계절마다 지내는 제사에 촌로들이 달려가네.	歲時伏臘走村翁
제갈량의 사당도 그 곁에 있으니	武侯祠屋常鄰近
임금과 신하가 한 몸 되어 제사도 함께 받는구나.	一體君臣祭祀同

우리나라 고전에서 삼杉을 만나면 문맥에 따라 '잎갈나무(Larix gmelinii)'나 전나무로 해석해야 할 경우도 있을 것이다. 잎갈나무의 중국명은 낙엽송落葉松인데, 『한국의 나무』에 의하면 우리나라에서 금강산 이북의 높은 산지 능선 및 고원에 자생하는 나무라고 한다. 허목許穆(1595~1682)의 『미수기언眉叟記言』에 '오대산기五臺山記'라는 글이 나오는데, 아마도 이 글의 삼杉은 잎갈나무였을 가능성이 커 보인다. 해당 부분을 인용해본다.

"장령봉長嶺峰 동남쪽이 기린봉麒麟峰이고 그 위가 남대南臺이다. 그 남쪽 기슭에 영감사靈鑑寺가 있는데, 이곳에 사서史書를 보관하고 있다. 상원사上院寺는 지로봉地爐峰 남쪽 기슭에 있으니, 산중의 아름다운 절이다. 동쪽 모퉁이에 큰 나무가 있는데, 가지와 줄기가 붉고 잎은 전나무(檜)와 비슷하다. 서리가 내리면 잎이 시드는데 노삼老杉이라 부르며, 비枇라고도 한다."****

이는 당시 절에서 노삼老杉으로 불리던 나무로, 잎이 지고 전나무 비슷

미국풍나무 열매(2021. 11. 13. 성남)

하면 잎갈나무일 것이다. 『이아주소』나 『중약대사전』에는 피被를 삼杉이라고 했는데, 혹시 이 글의 비枇는 피被의 오기가 아닐까 의심된다. 한편 『동국여지승람』에 실려있는 서거정의 '대구십영大邱十詠' 중 하나인 「북벽향림北壁香林」에도 삼杉이 나온다.

절벽의 창삼蒼杉은 옥 같은 긴 창대 같은데	古壁蒼杉玉槊長
거센 바람 끊임없어 사계절 버버 향기롭네.	長風不斷四時香
은근하게 다시 심고 힘써 북돋아 주면	慇懃更着栽培力
온 고을에 맑은 향기가 함께 머무르리라.	留得淸芬共一鄕

대구 지방은 잎갈나무가 자라지 않는 곳이다. 이 시는 현재 천연기념물 제1호로 지정되어 있는 대구시 동구 도동의 측백나무 숲을 읊은 것이라고 하므로, 서거정은 측백나무를 삼杉으로 썼던 것이다. 참고로 정태현의 『조선삼림식물도설』을 보면 잎갈나무를 계桂로 쓰기도 했다고 하고, 또 조선시대 문인들이 금강산 유람을 하고 나서 쓴 글의 계桂는 모두 잎갈나무를 말하는 것이라는 분석도 있다. 정말 고전의 나무 이름을 정확히

삼나무 자연발아 묘목(2020. 11. 14. 제주도)

밝히는 것은 지극히 어려운 일이다.

나는 2018년 4월에 열두 달 숲 모임을 따라 여수 금오도를 여행할 때 삼나무를 처음 만났다. 날카로운 가시 모양의 잎이 가지에 한 몸인 양 부착되어 있는 모습과 가지 끝에 매달려있는 둥근 구과를 볼 수 있었다. 그후 영광, 순천, 보성 및 제주도 이곳 저곳에서 삼나무를 감상할 수 있었다. 내가 사는 곳 가까이에 미국풍나무가 몇 그루 자란다. 가을에 단풍도 아름답지만, 지름 3~4cm 가량의 우둘투둘한 둥근 열매도 인상적이다. 이 열매가 중국에서 풍향수라고 불리는 풍나무 열매와 비슷하고, 『본초강목』에서 설명한 대로 삼나무 열매와 비슷할 터이다. 실제로 삼나무 열매는 미국풍나무 열매와 모양이 비슷한데 크기가 더 작다. 지난 가을 제주도에 갔을 때에는 어미 삼나무에서 씨앗이 날아와 자연 발아된 삼나무 어린 것도 만났다. 사람의 도움 없이도 개체를 증식시키고 있는 모습은 삼나무가 제주도 자연의 일원임을 웅변하는 듯했다.

넓은잎삼나무 잎(2023. 3. 11. 포천 국립수목원 온실)

* 杉者 層累直上之木也 [젓나무] 東人誤以爲弋櫃 [익가나무] 乃以眞杉稱之爲檜 一誤
再誤 無時可正 … 杉木作秥 [亦音杉] 一名沙木 [綱目云] 一名橢木 [本草云] … 南中深山
多有之木 類松而勁直 葉附枝生若刺針 [本草注] 郭璞云秥似松 生江南 可以爲船及棺材
作柱埋之不腐 又人家常用作桶板 甚耐水 [爾雅注] 寇宗奭曰 杉幹端直 大抵如松 冬不
凋 但葉闊成枝也 … 李時珍曰 杉木葉硬微扁如刺 結實如楓實 … 按此諸文 杉者俗之所
謂檜也 棺材莫如杉 而名物一誤 但知爲船材 惜哉 –『雅言覺非』

** 杉삼 樹幹端直 大抵如松 冬不凋 但葉硬微扁 附枝而生若刺針 結實如楓實 作柱埋之
不腐 丁茶山辨之爲전나무者是矣 盖杉一作秥 又音점 故俗轉爲전나무者 非 古不分而必
因中間傳訛而謂之檜也 –『名物紀略』

*** 중국 고전에서 삼杉은 넓은잎삼나무(*Cunninghamia lanceolata*)이다.

**** 長嶺東南爲麒麟 其上南臺 其南麓有靈鑑寺 藏史於此 上院 在地爐南麓 山中佳寺 東
隅有大木 枝幹赤 葉類檜 霜隕則葉凋 謂之老杉 或曰枇也 –『眉叟記言』五臺山記

상桑, 염檿

사랑스러운 뽕나무와 활을 만드는 몽고뽕나무

뽕나무(2020. 5. 31. 여주 섬강)

연燕 땅의 풀, 실처럼 돋아날 때쯤	燕草如碧絲
진秦 땅의 뽕나무는 가지가 무성해지는 때	秦桑低綠枝
님께서 고향으로 돌아가는 날 생각하는 무렵	當君懷歸日
이 몸은 애간장 끊어지는 때이옵니다.	是妾斷腸時
봄바람은 이런저런 영문도 모르고	春風不相識
어쩌자고 비단 휘장 젖히고 들어오는지?	何事入羅幃

시선詩仙이라 일컬어지는 이백李白의 시 「봄시름(春思)」으로, 이병한李炳

뽕나무 단풍(2018. 11. 3. 창경궁)

漢 교수 번역*이다. 벌써 20여 년 전에 나는 이 시를 처음 접하고 봄의 애
수에 젖었던 적이 있다. 봄이 깊어 뽕나무 가지에 잎이 무성해진 모습을
볼 때면 님을 그리워하며 애태우는 심정을 묘사한 이 시가 떠오르기도
했다. '뽕나무 밭이 푸른 바다가 되었다'는 사자성어 상전벽해桑田碧海가
말해주듯이, 상桑은 뽕나무(Morus alba L.)이다. '님도 보고 뽕도 따고'라
는 말에서 유추할 수 있지만, 이 뽕나무는 예부터 남녀 간의 사랑이나 밀
회의 상징으로 사용되어 왔다. 대표적인 예가 『시경』 용풍의 시 「뽕밭(桑
中)」이라고 할 수 있다.

밀을 베러   爰采麥矣
매 고을 북쪽으로 갔지.   沫之北矣
누구를 생각하며 갔나,   云誰之思
어여쁜 익씨네 맏딸이지.   美孟弋矣
뽕밭에서 만나자 하고   期我乎桑中
상궁으로 나를 맞아들이더니   要我乎上宮
기수 강가까지 나를 바래다주었지.   送我乎淇之上矣

옛글의 나무를 찾아서

몽고뽕나무(2019. 7. 7. 정선)

고전 번역에서 상桑이 뽕나무라는 사실은 혼동이 없었다. 아마도 양잠을 위해 중국 원산의 이 뽕나무가 우리나라에 도입된 역사가 깊어서일 것이다. 하지만 고전에는 뽕나무 종류를 나타내는 글자로, 흔히 '산뽕나무(山桑)'로 해석하는 염壓과 자柘도 있다. 자柘는 꾸지뽕나무(*Maclura tricuspidata*)인데, 뽕나무과의 나무이긴 하지만 속이 다르므로 산뽕나무로 번역하는 것은 바람직하지 않다는 사실만 밝히고, 이 글에서는 염壓에 대해서 살펴본다. 염壓은『동주열국지』에서 서주西周가 쇠퇴하는 역사적 길목에서 한 자리를 차지한 다음 노래에 나온다.

달은 장차 떠오르고　　　　　　月將升

해는 장차 지려 하네.　　　　　　日將沒

염壓으로 만든 활과 기箕 화살통　　壓弧箕箙

주나라가 망해가네.**　　　　　　幾亡周國

염壓은『시경』대아大雅,「위대하신 상제(皇矣)」에도, "염壓과 꾸지뽕나무를 걷어내고 베어냈네(攘之剔之 其壓其柘)."라고 나온다. 이러한 염壓에 대

141

산뽕나무(2018. 9. 26. 청계산)

해, 『이아』에서는 "염상은 산에 자라는 뽕나무이다."라고 했고, 주소註疏
에 "뽕나무와 비슷한데 재목은 활이나 수레의 멍에를 만드는 데 적당하
다. … 활을 만드는 사람이 몸체에 쓰는 나무로, 꾸지뽕나무를 제일로 치
고 염상檿桑이 그 다음이다."***라고 했다. 즉, 예로부터 염檿은 산에 자
라는 뽕나무를 지칭한 것이고 그 줄기로 활을 만들었던 것이다. 『본초강
목』 목부木部의 뽕나무(桑) 편에서는 여러 종류의 뽕나무를 설명하고 있
는데, "염상檿桑의 실은 거문고와 비파의 줄로 적당하다."****라고 했다.
『시경식물도감』은 염檿을 몽고뽕나무(*Morus mongolica*, 중국명 몽상蒙桑)
로 해설한다.

우리나라의 『훈몽자회』에서는 "檿 묏뽕염, 본국에서 속칭 꾸지나모"라고
했다. 참고로 『훈몽자회』에서 '속칭'은 당시 중국 민간에서 부르는 명칭을
말하지만, 여기에서는 한글로 '꾸지나무'라고 했고, 앞에 '본국'이 있는 것
으로 보아 우리나라에서 부르는 이름일 것으로 추정한다. 『광재물보』에서
는 "염檿은 산상山桑이다. 실(絲)은 거문고와 비파의 줄로 적당하다."라고
하여, 『본초강목』의 설명을 인용하고 있다. 『전운옥편』에서도 "檿염, 산상

山桑이다.***** 재목은 활의 몸체와 수레의 멍에로 쓸 수 있다."라고 했다. 그리고,『자전석요』,『한선문신옥편』,『한일선신옥편』등도 "檿염, 산뽕나무 염"으로 적었다. 그러므로 고전 번역에서 檿을 '산뽕나무'로 번역하는 것은 충분히 근거가 있다고 할 것이다. 하지만 오늘날 우리가 산뽕나무라고 하면 '산에 자라는 뽕나무'를 뜻할 수도 있지만, 종(species)으로서 산뽕나무(*Morus australis*)를 가리킨다는 점은 기억해두자.

다시 서주西周가 망해가던 시대에 유행했던 속요 이야기로 돌아가면, 이 노래를 들은 주선왕周宣王(B.C 827~ B.C 782)은 "산상山桑으로 만든 활과 기箕로 만든 화살통을 판매하는 것을 금지했고 어기는 자는 사형에 처했다."******라고 한다. 즉, 檿과 산상山桑을 섞어 쓰고 있다는 점을 알 수 있다. 그러므로 중국 고전을 번역하면서 檿을 만나면 문맥에 따라 다르겠지만, 산뽕나무로 말해도 무방할 것 같다. 몽고뽕나무와 산뽕나무는 모두 중국에 자생하고 있으므로, 당시에 이 2종을 정확히 구분하지 않았을 가능성이 더 크기 때문이다. 이를 반영하듯 현대의『중국식물지』에서 산상山桑이라는 이름을 가진 나무를 찾아보면, 산뽕나무(*Morus australis*,

몽고뽕나무 잎(2019. 7. 7. 정선) 산뽕나무에 비해 몽고뽕나무 잎의 톱니는 훨씬 더 날카롭다.

중국명 계상鷄桑)와 몽고뽕나무(*Morus mongolica*, 중국명 몽상蒙桑)의 이명으로 나온다.

중국에 자생하는 산뽕나무와 몽고뽕나무는 우리나라에도 자생하고 있다. 『한국의 나무』에 의하면, 산뽕나무가 우리나라 전국의 산지에 자라는데 반해, 몽고뽕나무는 강원도와 충청도의 석회암 지대에서 제한적으로 자라고 있다. 산뽕나무(檿)가 시어로 나오는 시 중에서 다산 정약용의 「김좌현金佐賢 상우商雨와 창수하다」의 일절을 읽어본다.

산에 느릅나무 들에 산뽕나무 잎은 무성한데	山榆野檿葉鬖髿
팥과 참깨는 싹이 나려 하는구나.	紅豆胡麻欲吐芽
반평생 공부하여 무엇을 이루었나.	半世窮經成底事
벼슬살이 십 년에 시골집 그리워라.	十年游宦夢田家
해가 지니 서쪽 누각으로 노을이 지고	日沈西閣流雲氣
바람 부니 남쪽 호수에 물결은 일렁이네.	風捲南湖蹴浪花
전원으로 돌아가고픈 마음 간절해져도	將就小園心計熟
돛대 위 위태한 곳이 바로 이내 생애라오.	一帆高處是生涯

김상우金商雨(1751~?)와 시를 주고받던 당시 정약용은 벼슬살이 중이었으므로 서울에 거처했을 것이다. 몽고뽕나무가 강원도와 충청도의 석회암 지대에 자라는 것을 감안하면, 이 시의 염檿은 산뽕나무일 가능성이 더크다. 또한 시인은 야염野檿을 산상山桑의 대구對句로 생각했을 가능성도 있다. 이럴 경우 염檿을 산상山桑이라고 했듯이, 상桑을 야염野檿으로 표현한 것이 되므로, 야염野檿이 들에서 재배하는 산뽕나무, 즉 뽕나무를 뜻하게 된다. 굳이 뽕나무를 왜 야염野檿이라고 했을까?

정약용은 28세에 문과에 급제하여 벼슬살이를 시작했으므로 이 시를 지었을 때가 38세 무렵인 1799년경이다. 이 시기는 아직 정조가 왕위에 있으면서 정약용을 후원하고 있었지만 천주교와 관련한 탄핵으로 삶이 위태로운 때였다. 시골로 낙향할 뜻이 아무리 깊다고 한들, 함부로 몸을 뺄 수 있었겠는가? 시를 감상하면서 자유롭게 상상해보자면, 이러한 위태로운 형편 때문에 편안한 글자인 상桑 대신에 활의 재료가 되는 위력적인 글자인 염檿을 썼을지도 모르겠다. 나는 2019년 7월 정선 지방에서 말로만 듣던 몽고뽕나무를 처음 보았는데 날카로운 톱니가 인상적이었다. 깊은 결각의 몽고뽕나무 잎 가장자리는 사람이 함부로 만지지 못하도록 하기 위함인지, 독이 잔뜩 오른, 금방이라도 찌를 것 같은, 뾰족한 침을 톱니마다 장착하고 있었다. 몽고뽕나무만큼은 아니지만 산뽕나무 잎도 톱니가 뽕나무보다는 날카롭다. 아무래도 사랑을 은유하는 시어로는 날카로운 이미지의 염檿보다는 예부터 누에에게 잎을 먹이기 위해 동네 뽕밭에서 재배하는 친근한 나무 상桑이 어울린다.

* 『치자꽃 향기 코끝을 스치더니』(이병한 엮음, 민음사, 2000)
** 月將升 口將沒 檿弧箕箙 幾亡周國 –『東周列國志』. 여기에서 기복箕箙의 복箙은 화살통이다. 기箕는 그 화살통을 만드는 재료일 것인데, 이것이 키箕나 고리를 만드는 데 쓰인 키버들이나 대나무라는 설과, 기초箕草라는 설이 있다. 중국 문헌을 찾아보면, 중국에서 석기초席箕草, 급급초芨芨草 라는 풀이 있는데 학명이 "Achnatherum splendens (Trin.) Nevski.(혹은 Stipa splendens Trin.)"로 옛날에 종이를 만드는 원료로 쓰였고 광주리를 만들기도 했다고 한다.
*** 檿桑 山桑. 注– 似桑 材中作弓及車轅. 疏– 冬官考工記云 弓人取榦 柘爲上 檿桑次之 是也 –『爾雅注疏』
**** 檿桑 絲中琴瑟 –『本草綱目』
***** 檿염, 山桑 材可弓幹車轅 –『全韻玉篇』
****** 不許造賣 山桑木弓 箕草箭袋 違者處死 –『東周列國志』
※ 楡는 비술나무이고 檿은 몽고뽕나무를 지칭하지만, 시를 지을 당시 정약용은 느릅나무와 산뽕나무를 지칭했을 것이라고 상상한다.

145

수유茱萸

액을 막아주는 중양절의 나무, 수유와 쉬나무

쉬나무 열매 송이(2018. 11. 3. 창경궁)

홀로 타향에서 나그네 되어	獨在異鄉爲異客
명절을 맞을 적마다 친족 생각이 너무 간절하다.	每逢佳節倍思親
멀리서 생각하니 형제들은 산에 올라가	遙知兄弟登高處
모두들 머리에 산수유를 꽂을 때에 한 사람이	遍插茱萸少一人
모자람을 알게 되겠지?	

당나라 시인 왕유王維(699~759)의 「9월 9일에 산동에 있는 형제를 생각함
(九月九日憶山東兄弟)」이라는 시로, 태동고전연구소를 창설하여 후진을 양

성했던 청명靑溟 임창순任昌淳(1914~1999) 선생의 『당시정해』 증보신판에서 인용했다. 1956년에 간행된 초판본을 보면 마지막 구절 해석이 "모두 수유를 꼽는데 한 사람이 적으리로다."라고 되어 있다. 책을 증보하면서 왜 '수유'를 '산수유'로 고쳤는지 그 정황은 알 수 없다. 다만 추측해보자면, 우리나라의 나무에 '수유'라는 이름은 없으므로 편집자가 이 시의 '수유'가 산수유일 것이라고 생각하고 독자가 알기 쉽도록 고친 것이 아닐까 한다. 산수유(*Cornus officinalis*)는 우리나라에서 봄의 전령사로 알려진 나무로, 정원에 많이 심고 있어서 주변에서 흔히 볼 수 있는 친숙한 나무이다. 약재용으로 열매를 채취하기 위해 대규모로 재배하기도 하는데, 이른 봄에 노란 꽃이 피고 가을에 빨간 타원형 열매를 주렁주렁 맺는다.

왕유의 시에 나오는 수유가 산수유는 아닐 것이라는 이야기는, 몇 해 전 『한국의 나무』를 공저한 김태영 선생으로부터 들었다. 중국의 자료를 보면 이 시를 소재로 그린 그림의 나무가 산수유가 아니라는 것이었다. 그리고 어떻게 낱낱이 떨어져 있는 산수유 열매를 머리에 꽃을 수 있겠느냐고 반문했다. 이제부터 이 의문을 풀기 위해, 몇몇 문헌을 통해 수유가

산수유 열매(2020. 12. 20. 성남)

『당시정해』(임창순 저) 1956년 초판본 표지

『당시정해』(임창순 저) 1999년 증보신판 표지

『당시정해』 초판본의 「9월9일억산동형제」 해설부

무엇인지 살펴본다.

중국에서 수유茱萸라는 이름이 들어간 나무는 산수유뿐 아니라, 식수유食茱萸(*Zanthoxylum ailanthoides*)와 오수유吳茱萸(*Evodia rutaecarpa*) 등 여러 종류가 있다. 이 중 산수유는 중국 원산인데 우리나라도 같은 이름을 쓰고 있는 것이다. 식수유는 우리나라 남부 지방에도 자생하는 운향과의 머귀나무를 말한다. 오수유는 운향과의 쉬나무(*Euodia daniellii*)와 비슷한데, 쉬나무를 『중국식물지』는 취단오유臭檀吳萸로 소개하고 있어서 오수유류로 보고 있음을 알 수 있다.

그렇다면 왕유의 시에 나오는 수유가 어떤 나무일까? 『당시정해』 초판본을 보면, 9월 9일 높은 산에 올라 국화주를 마시는 등고登高 풍속에 대한 설명이 있는데 다음과 같다.

"한환경漢桓景이 비장방費長房에게 도道를 배우는데, 하루는 장방이 환경을 보고 '구월 구일에 너의 집에 큰 재난이 있을 터이니 빨리 가인家人

머귀나무 잎과 열매(2018. 11. 10. 제주도)

쉬나무 꽃(2017. 8. 14. 봉화 청암정)

에게 견낭絹囊을 만들게 하여 수유茱萸를 넣어서 어깨에 메고 높은 산에
올라서 국화주를 마시면 액厄을 면할 것이다.' 하였다. 환경이 그 말대로
하고 저녁에 집에 돌아와 보니 계견鷄犬과 우양牛羊이 다 죽어버렸다. 이
후부터 9일에 등산登山, 수유 꺾기, 국화주 등은 중국인의 구일가절九日
佳節을 맞이하는 통례通例로 되어 있다."

이것을 보면 수유가 액을 물리치는 벽사僻邪의 나무로 쓰인 것을 알 수
있다. 중국 문헌에서는 이 등고登高 풍속에서 쓰이는 수유를 식수유나
오수유 열매로 보고 있다. 반부준의 『당시식물도감』에서는 식수유, 즉 머
귀나무로 보고 있으나, 『본초강목』에서는 오수유로 보고 있는 듯하다. 왜
냐하면 『본초강목』에서 오수유를 해설한 부분에, 바로 위에서 인용한 임
창순 선생의 등고登高에 대한 설명이 거의 그대로 「속제해기續齊諧記」를
인용하여 실려있기 때문이다.* 여기에 더해 『본초강목』에서는, "「주처풍
토기周處風土記」를 살펴보면, 민간에서 9월 9일을 숭상하여 상구上九라
고 하는데, 수유는 이날에 이르러 기운이 강렬해지면서 붉은색으로 익
는다. 그 열매 송이를 꺾어 머리에 꽂을 수 있는데, 나쁜 기운을 물리치

고 겨울 추위를 막을 수 있다고 한다."** 라고 설명하고 있다.

산수유는 낱낱의 열매가 가지에 매달려 있어서 열매를 꺾는다는 표현이
어울리지 않는 반면, 머귀나무나 쉬나무 열매는 송이로 되어 있어서 송
이째 꺾을 수 있다. 『본초강목』의 이러한 설명을 참고해 보면 등고 풍속
에서 머리에 꽂는 열매는 산수유가 아니라 오수유, 즉 우리나라의 쉬나
무류로 보는 것이 더 타당할 것이다. 참고로 이우철의 『한국식물명의 유
래』를 보면 쉬나무의 이명으로 수유나무, 오수유 등이 나온다. 수유나무
라는 이름이 변해서 쉬나무가 되었을 가능성도 있는 것이다. 이제 '편삽
수유소일인遍揷茱萸少一人'을 다시 해석하면, "모두들 머리에 쉬나무 열매
를 꽂을 때에 한 사람이 모자람을 알게 되겠지?" 정도가 될 것이다. 물론
쉬나무는 중국의 오수유와는 같은 속의 다른 나무이므로 주의할 필요
는 있다. 중양절을 노래한 당시 1편을 더 감상해 보자.

중양절 놀이(九日宴) - 장악張諤

가을 바람 불어 노랗게 물든 나뭇잎이 나부끼고	秋葉風吹黃颯颯
맑은 하늘 흰 구름 비늘처럼 수놓았다.	晴雲日照白鱗鱗
쉬나무 열매 머리에 꽂고 돌아오는 여인에게 묻노니	歸來得問茱萸女
오늘 등고에 술 취한 이 많던가?	今日登高醉幾人

쉬나무는 우리나라에 자생한다고 알려져 있고, 민가 주변에서 종종 볼
수 있다. 쉬나무는 7~8월에 꽃이 피고, 9~10월에 열매가 익는다. 처음
에는 푸르던 열매 껍질이 붉은색으로 익어가는데, 씨앗이 여물면 껍질
의 붉은색은 탈색되고 벌어져서 까만 씨앗이 보이게 된다. 쉬나무 씨앗으
로는 기름을 짤 수 있는데, 옛날 선비 집안에서는 밤에 불을 밝힐 기름
을 얻기 위해 집 근처에 심었다고 한다. 나는 몇 해 전 여름 봉화 청암정
을 방문한 적이 있는데, 청암정으로 들어가는 대문 왼편에 쉬나무가 자

라고 있었다. 그 쉬나무를 보면서 선비들의 야독에 필요한 기름을 떠올렸다. 창경궁의 통명전通明殿 뒤에도 쉬나무 고목이 자라고 있다. 창경궁을 갈 때마다 나는 이 쉬나무를 보면서, 중양절 등고登高 풍속을 떠올린다. 조선시대 왕실에서도 중양절을 기념하고 국화주를 마신 기록은 꽤 있지만 수유 열매를 머리에 꽂은 기록은 보지 못했다. 우리나라 문인들도 중양절을 많이 노래하면서 수유와 국화를 언급하고 고향 생각에 잠겼지만, 이때 시인이 쉬나무를 떠올렸는지 노란 꽃이 피는 산수유를 떠올렸는지는 지금으로선 확인할 길이 없다.

* 續齊諧記云 汝南桓景 隨費長房學道 長房謂曰 九月九日汝家有災厄 宜令急去 各作絳囊盛茱萸以繫臂上 登高飮菊花酒 此禍可消 景如其言 舉家登高山 夕還 見雞犬牛羊一時暴死 長房聞之曰 此代之矣 故人至此日 登高飮酒 戴茱萸囊 由此爾. -『本草綱目』吳茱萸

** 按周處風土記云 俗尚九月九日 謂之上九 茱萸到此日 氣烈熟色赤 可折其房以揷頭 云辟惡氣禦冬. -『本草綱目』吳茱萸

순舜, 목근木槿

울타리를 장식하는 여름꽃, 우리나라 꽃 무궁화

무궁화(2020. 7. 19. 청계산 옛골)

"난작인간식자인難作人間識字人, 세상에서 지식인 처신이 어렵다." 내가 매천梅泉 황현黃玹(1855~1910)의 이 시 구절을 처음 만난 것은 혈기방장血氣方壯하던 대학 2학년 때였다. 당시 같은 과 친구들이 《계통과소식》이라는 과회지를 발간했는데, 거기에 실린 편집인 이경운 군의 단상斷想에서였다. 이 글은 내 심금을 울렸는데, 그때 이후로 나는 그 글을 쓴 친구 경운이를 우러러보게 되었다. 내 서재 깊숙이 보관되어 있던 그 과회지를 꺼내어 다시 읽어보았다. 좀 길지만 첫 두 문단을 인용한다.

무궁화 고목(2019. 7. 23. 안동 병산서원)

"조선 후기 삼정의 문란, 오리의 가렴주구, 지주의 수탈, 신분제의 모순으로 백성들은 허덕였다. 소위 사대부라는 자들은 시회詩會나 열어 문장을 겨루고, 송학宋學의 공론에 몰두하며 부귀영달만 꾀했다. 성 밖에는 굶는 사람이 지천이나 성 안에서는 가무가 연일 끊기지 않았고, 주육이 떨어질 날이 없었다. 그런 와중에 '통치자는 백성을 위해 존재하는가? 백성이 통치자를 위해 존재하는가'라고 다산茶山은 절규했다. 그는 세상에 얼굴 디밈을 부끄럽다 여기고 일생을 초개같이 살며 백성의 신음을 듣고 백성의 소리를 전했다. '내학필외저內虐必外著 하이기우민何以欺愚民. 속마음이 잔학하면 드러나는 법, 백성을 어찌 속이리오.'

다산茶山 같은 이는 소수였다. 실사구시를 외치던 몇몇 유생의 소리에도 불구하고 조선朝鮮은 모순을 더욱 악화시켜 종내는 타국의 식민지로 전락했다. 나라를 망친 건 누구의 잘못인가? 잘난 사대부들이다. 드센 기세가 일본의 총포 소리에 움츠러들어 도망가고 힘없는 백성만 나라 위해 죽창 들고 계속 대항했을 뿐이다. 학문한다는 사대부는 어디로 갔나?

새, 집승도 슬피 울고 바다와 산도 찡그리니	鳥獸哀鳴海岳嚬
무궁화 세상은 이미 망해 버렸네.	槿花世界已沉淪
가을 등불 아래 책 덮고 옛적을 회고하니	秋燈掩卷懷千古
인간 세상 식자 노릇 참으로 어렵구나.	難作人間識字人

힘없는 자조의 시를 적고 매천梅泉은 자살했다. 매천梅泉은 그래도 지조 있는 유생이다. 곡학아세하던 유생은 일본이라는 새로운 주인을 섬겼다. 해방 후, 다시 지식인들의 머리 싸움에 나라는 둘로 분단되었다."

이 절명시에서 황현이 우리나라를 분명하게 근화세계로 표현한 것도 일정 정도 영향을 미쳤겠지만, 나는 우리나라 고전에서 근역槿域이 우리나라를 가리킨다는 것을 의심해본 적은 없었다. 무궁화는 『시경』 정풍鄭風의 「같은 수레를 탄 여인(有女同車)」에도 미인을 상징하는 아름다운 꽃으로 나온다.

나와 같은 수레를 탄 여인	有女同車
그 얼굴이 무궁화 꽃 같아라.	顏如舜華
왔다 갔다 거닐면,	將翱將翔
아름다운 패옥이 찰랑거리네.	佩玉瓊琚
저 강씨네 어여쁜 맏딸	彼美孟姜
정말 아름답고도 고와라.	洵美且都

순舜이 바로 목근木槿으로도 불리우는 무궁화(*Hibiscus syriacus* L.)이다. 최세진崔世珍(1468~1542)이 1527년 편찬한 『훈몽자회』 화품花品에 "근槿 무궁화 근, 속칭 목근화木槿花이다" 및 "순舜 무궁화 순"으로 나온다.* 우리나라에서는 한결같이 근槿과 순舜을 무궁화로 보았고, 혼동한 적이 없었다. 애국가에 나오는 이 무궁화는 내가 자란 산골 동네에도 해마다 여름철이면 피고 졌다. 장미만큼 화려하지는 않지만 꽃이 귀한 여름철에 피

무궁화(2020. 7. 26. 남한산성)

어 사람들의 이목을 사로잡는 꽃이다.

2020년 여름에 "여생을 나라꽃과 애국가 등 국혼國魂 … 바로잡기에 바칠 것을 각오로 다산과 백범의 맥을 잇는 실사구시 스마트민족주의 신新실학을 추구"한다는 어느 교수가 저술하고 광복회장이 감수한 무궁화 관련 책이 시중에 나왔다. 이 책의 핵심이, 일본이 식민지 정책의 일환으로 일제강점기에 무궁화를 우리나라 전국에 보급하고 우리나라의 상징으로 만들었다는 터무니없는 주장인데, 지식인의 곡학아세가 이런 지경까지 나아갈 수 있다는 것이 놀라울 따름이다. 이 책은 사실을 왜곡하여 반일 민족주의에 아첨하고 있는데, 이것이 소위 스마트민족주의라면 그것은 올바른 민족주의가 아닐 뿐더러 그런 지식인의 '스마트'는 당연히 배격해야 할 것이다. 나라와 민족을 사랑하는 일이야 누가 비판하랴만, 사실이 아닌 것을 사실로 둔갑시키는 것이야말로 나라를 발전시키는 것이 아니라 나락으로 몰고 갈 수 있기 때문이다. 무엇이든 실사구시實事求是, 즉 사실에 입각해서 올바른 길을 개척해야 한다.

사회생활을 수십 년 하면서 외국인과 교류할 기회도 꽤 있어서, 어느 나라나 뛰어난 사람도 있고 못난 사람도 있음을 아는지라, 우리 민족은 세계에서 가장 우수한 민족이라든지, 단일 민족이라든지 등의 말을 들으면 나는 마음이 편하지 않다. 이것은 사실이 아닐 뿐만 아니라 이런 관념이 커지면 국수주의나 개방이 아닌 폐쇄주의로 흐를 수 있다는 생각 때문이다. 우리 현대사를 굴곡지게 만든 원인 중 하나인 친일 잔재 청산은 아마 대다수 찬성할 것이다. 해방 후 벌써 75년이 흘렀기 때문에 어떻게 청산해야 하느냐에 대해서는 이견이 많을 것이지만, '무궁화 삼천리 화려강산'이라고 노래하는 것이 친일이니 청산해야 한다는 주장은 황당할 따름이다. 천학비재이지만 한국고전번역원이 운영하는 '한국고전종합DB'를 중심으로 일제강점기 이전에 쓰인 우리 고전에서 무궁화가 어떻게 표현되고 있는지를 살펴봄으로써, 무궁화는 일제강점기 훨씬 이전, 고려시대부터 우리나라에서 재배되어 왔으며 여러 문헌에서 나라의 상징으로도 사용되었다는 사실을 밝혀보기로 한다.

우리나라를 '근화향槿花鄕'으로 표현한 것은 신라시대 말엽 고운孤雲 최치원崔致遠(857~?)이 당나라에 보낸 표문表文에서 처음 보인다. 발해渤海는 나라가 강성해지자 당나라 조정에 사신의 자리를 배치할 때 신라보다 앞에 있도록 해 달라고 주청했는데, 당나라에서 이를 거절하자 신라에서 표문을 보내어 사례한 글에서이다. 즉, '북국이 위에 있도록 허락하지 않은 것을 사례하는 표(謝不許北國居上表)'에, "만약에 황제 폐하께서 홀로 영단을 내려 신필神筆로 거부하는 비답을 내리시지 않으셨던들 반드시 근화향槿花鄕의 염치와 겸양 정신은 자연히 시들해졌을 것이요, 호시국楛矢國의 독기와 심술은 더욱 기승을 부리게 되었을 것입니다."**라고 나오는 것이다. 이후 이 내용은 『동문선』에 전재되고, 이수광李晬光(1563~1628)의 『지봉유설』, 이문재李文載(1615~1689)의 『석동유고』, 안정복安鼎福(1712~1791)의 『동사강목』, 한치윤韓致奫(1765~1814)의 『해동역사』, 이규경李圭景(1788~?)의 『오주연문장전산고』, 이유원李裕元(1814~1888)의

애기무궁화 꽃(2019. 7. 22. 안동 예안향교)

『임하필기』등에 등장한다. 여기에 언급된 학자들은 대부분 실학자나 고증학자로 분류되는 분들이라는 사실을 언급해둔다. 이 근화향槿花鄕과 같은 뜻인 근역槿域은 주로 1800년대 문인들의 글에서 보이는 점이 흥미로운데, 남이익南履翼(1757~1833)의 『초자속편』, 이장찬李章贊(1794~1860)의 『향은집』, 조두순趙斗淳(1796~1870)의 『심암유고』, 김진수金進洙(1797~1865)의 『연파시초』, 김영수金永壽(1829~1899)의 『하정집』, 이남규李南珪(1855~1907)의 『수당집』등 8군데이다.

앞에서 언급한 문헌들은 근화향槿花鄕과 근역槿域으로 우리나라를 분명하게 표현한 데 반해, 근화槿花나 목근木槿은 나라를 은유하는 경우도 있지만 대부분 무궁화 꽃 자체를 나타낸다고 할 수 있다. 이러한 근화槿花나 목근木槿 표현은 고려시대에는 '무궁화'라는 이름이 처음 나오는 이규보李奎報(1168~1241)의 『동국이상국집』과 이제현李齊賢(1287~1367)의 『익재난고』, 이색李穡(1328~1396)의 『목은시고』등 5명의 학자들의 문집에 보인다. 조선시대에는 서거정徐居正의 『사가집』에서 시작하여 조선 말의 학자 허유許愈(1833~1904)의 『후산집』에 이르기까지 약 58명의 글에 보인다. 주로 유학자들인 조선시대 문인들이 시를 지으며 꽃에 대해 읊은 량으로 보아 이 정도면 적다고 할 수 없을 것이다. 또한, 조선 초기부터 말기까지 꾸준히 읊어졌다는 점도 확인할 수 있다. '무궁화'라는 한글 표기도 1527년 간행된 최세진의 『훈몽자회』에 "槿 무궁화 근", "蕣 무궁화 슌"이라고 나오고, 허준許浚의 『동의보감』 탕액 편에 '木槿 무궁화'로 나오고 있다. 이 정도면 무궁화가 우리나라에서 관상용으로 재배하면서 '무궁화'로 불려온 역사가 깊음을 입증할 수 있을 것으로 기대하면서, 서거정의 「석양에 연못가를 거닐다(池上晚步)」를 감상해본다.

작은 연못 물이 방죽에서 졸졸졸 흐르고　　　小塘咽咽水鳴陂
가랑비 속에 지팡이 짚고 홀로 섰을 때　　　細雨扶筇獨立時
울타리 밑의 무궁화는 피었다 모두 쳐버리니　籬下槿花開落盡
청산은 석양을 머금고 새는 더디 나는구나!　青山銜晚鳥飛遲

하지만 이렇다고 해서 신라 말기 이래로 무궁화가 우리나라의 상징이었다고 말하긴 어렵다. 근화향槿花鄉이 일부 학자들 사이에서 우리나라 상

무궁화(2020. 8. 8. 창경궁)

징으로 쓰이다가 이수광, 안정복, 한치윤 등 실학자들이 언급한 후 그 사용이 확산되었을 것이다. 그러다가 구한말 나라가 도탄에 빠졌을 때 민족의 단결을 고취하는 수단으로, 1908년에 출판된 윤치호尹致昊(1865~1945)의 「찬미가讚美歌」 제14번째 노래 가사에 '무궁화 삼천리 화려강산'이 후렴으로 들어가고 이것이 애국가가 됨으로써 전 민중들에게 확산되었을 것이라고 추측한다. 윤치호는 신사유람단으로 일본에 다녀오고 미국에서 유학했으며 서재필 등과 독립협회를 조직했다. 국권 강탈 후에는 총독 암살계획에 참여한 혐의로 6년 형을 받았다고 하니, 찬미가가 출판되는 당시에는 지일 인사일망정 반민족적인 친일 인사는 아니었을 터이다. 더구나 서지학자 안춘근의 '애국가원류'***라는 글을 보면, 윤치호의 「찬미가」 이전에 송암松巖 김완규金完圭(1877~1949)가 쓴 애국가도 있는데, 여기에도 '무궁화 삼천리 화려강산'이라는 표현이 있고, 1904년에 김수원金壽垣이 쓴 순한문체 애국가에도 '무궁화삼천리화려강산無窮花三千里華麗江山'이 있다.

이와 비슷한 표현으로 연대가 훨씬 앞선 것으로는 홍양호洪良浩(1724~1802)의 『이계집』의 시에 "박달나무와 무궁화가 삼천리에, 척토라도 가리지 않고 자라고 있구나(檀木槿花三千里 不階尺土奄有之)."라는 표현도 있다. 이러한 사실은 애국가 가사는 윤치호 개인의 창작이라기 보다는 당시 여러 사람의 표현을 편집한 것일 가능성을 말해 준다. 진실로 지식인 처신이 어렵지 않은 때가 없겠지만, 요즘 같이 시대 변화가 빠르고 복합적인 위기가 닥쳤을 때일수록 지식인은 사실을 왜곡해서는 안 될 것이다.

---

* 『훈몽자회』 화품花品에 "근槿 무궁화 근, 속칭 목근화木槿花이다"에 대해서는 좀 더 설명이 필요하다. 『훈몽자회』 범례에 의하면 "주석 안에서 속俗이라고 일컬은 것은 중국사람을 말함을 가리킨다. 혹시 중국어를 배우는 사람이 있으면 겸하여 통하게 할 수 있어서 중국의 속칭 이름을 많이 수록했는데, 주석이 번잡해질까 걱정되어 모두 수록하지는 않았다.(註內稱俗者 指漢人之謂也 人或有學漢語者 可使兼通 故多收漢俗稱呼之名也

又恐註繁亦不盡收)"라고 나온다. 그러므로 여기에서 목근화는 중국에서 부르는 이름이라고 이해해야 한다.

** 向非皇帝陛下英襟獨斷 神筆橫批 則必槿花鄕廉讓自沈 楛矢國毒痛愈盛 –『孤雲集』
謝不許北國居上表

*** 安春根,『韓國古書評釋』, pp.188~192 '愛國歌源流'

아회화阿灰花

퇴계 선생이 노래한 봄의 전령사 생강나무와 납매

생강나무(2022. 3. 20. 성남 율동공원)

보들보들한 작은 털모자 같은 노란색 꽃이 생강나무에 피어오르면 누구나 봄이 왔음을 느낀다. 생강나무 꽃은 우리나라 전역에서 볼 수 있는 대표적인 봄꽃으로 많은 사람의 사랑을 받고 있다. 나는 옛 문인들도 이 사랑스러운 생강나무 꽃을 노래했을 것으로 생각하고, 고전에서 어떻게 표현되었는지 몇 해 동안 관심을 가져왔다. 그러다가 최근에 내 고향 안동에서 영원한 스승으로 추앙받는 퇴계 선생이 이 생강나무를 노래했다는 사실을 발견하고 한참 동안 기쁨에 젖었다. 조선 중기에 주자학을 집대성하여 유학의 종사宗師가 되신 퇴계 선생은 1,000여 수가 넘는 시를 남긴 시인이기도 하셨다. 이 중 「아회화 시를 차운하다(阿荄花韻)」라는 시가 『퇴계선생문집』에 있는데, 바로 이 '아회화'가 생강나무 꽃이다. 이제 이 가원의 『퇴계시역주』에서 시 전체를 인용하면서 아회화가 바로 생강나무 임을 추적해본다.

방도 없고 화판 없으니 꽃으로 심음 아녔고	無房無瓣匪花栽
봄빛 빌어 열매 열어 시내 곁에 위치했네.	著荄偸春傍磵隈
만일 납매로 하여금 이 무리와 같았다면	向使蠟梅同此輩
황산곡과 진간재가 즐겨 머리 돌렸으리.	黃陳安肯首頻回

퇴계의 제자인 후조당後彫堂 김부필金富弼(1516~1577)이 무진년戊辰年 (1568)에 지은 시에 퇴계가 차운한 것인데, 이 시에는 "언우彥遇는 아회阿 荄가 납매蠟梅인 줄 알고 있으나 나는 그렇지 않다고 생각한다."*라는 설 명이 붙어있다. 납매蠟梅는 송나라의 산곡山谷 황정견黃庭堅(1045~1105)이 시로 읊어 유명해졌는데, 간재簡齋 진여의陳與義(1090~1138)는 "화방이 얼 마나 작은지, 청동가위로 황금을 발랐네(花房小如許 銅剪黃金塗)."라고 묘

생강나무 꽃눈(2020. 12. 28. 청계산)

납매(2022. 3. 19. 인천수목원)

납매 꽃(2022. 3. 19. 인천수목원)

옛글의 나무를 찾아서

사했다. 아마 퇴계는 황정견과 진여의가 시에서 묘사한 납매가 직접 관찰한 '아회화'와 다름을 지적했을 것이다.

『본초강목』에서는 "납매蠟梅, 황매화黃梅花이다. … 이 식물은 본래 매화 종류는 아니지만, 매화와 같은 시기에 피고, 향기도 서로 비슷하며, 밀랍 같은 색깔 때문에 이 이름을 얻었다. … 납매는 작은 나무로 가지가 빽빽하고 잎은 뾰족하다. … 늘어진 방울 같은 열매를 맺는데, 뾰족하고 길이는 한 치 남짓하며 그 속에 씨앗이 있다. 수피를 물에 적셔 먹을 갈면 광채가 있다."**라고 했다.『중국식물지』나『중약대사전』을 참조해보면, 황매화黃梅花로 불리기도 한 납매蠟梅는 학명이 *Chimonanthus praecox*이고 현대 중국명도 납매이다.『국가표준재배식물목록』에 의하면 우리나라에서도 '납매'라고 부른다. 중국이 원산지인 납매가 지금은 우리나라의 일부 식물원에 식재되어 있지만, 퇴계 당시에는 아직 도입되지 않았던 듯하다.

납매로 생각했던 '아회화阿灰花'는 분명 퇴계와 김부필이 살았던 안동의 예안, 도산 지역 계곡에 자생하는 식물임에 분명한데, 이른 봄에 '화방도 꽃잎도 없이(無房無瓣)' 노랗게 피는 꽃은 과연 무엇일까? 우선 그 단서는 양예수楊禮壽(?~1597)의『의림촬요』에서 신이화辛夷花에 대한 주석으로 "곧 황매화黃梅花다. 민간에서는 아회화阿回花라고 부른다."***라는 기록에서 찾을 수 있다. 즉, '아회화'가 황매화라고 했는데, 황매화는『본초강목』에 납매의 이명으로 나온다. 이러한 정황 때문에 김부필이 당시 민간에서 '아회화'라고 부르던 꽃을 납매로 봤을 것이다.

실학자 이익李瀷(1681~1763)은『성호사설』'만물문萬物門'에서, "속명이 아해화鵝孩花라는 나무가 있는데, 노란 꽃술에 거위 새끼 털같이 많은 솜털이 있고, 냄새는 생강과 흡사하고, 향약방鄕藥方에 들어 있다."****라는 기록을 남겼다. '아해화'와 '아회화'는 모두 우리말을 한자로 음차한 것이므로 같은 꽃일 텐데, '많은 솜털이' 꽃술에 있고 생강 냄새가 나는 노란

생강나무 잎(2021. 4. 25. 안동 와룡)

꽃은 생강나무 꽃을 표현한 것임에 틀림없다. 또한, 정조대왕(1752~1800)도 『홍재전서』 '일득록日得錄'에서 "상지다桑枝茶를 … 만약 황매黃梅 가지와 함께 쓰면 자못 차가운 맛을 제어할 수 있다."라고 쓰고 있는데, 황매黃梅에 대해 "민간에서 생강나무(生薑木)라고 부른다."*****라는 설명을 달고 있다.

정조 치세 시기인 1799년 간행된 『제중신편』에도 황매黃梅를 한글로 '생강나모'라고 했다. 즉, 이익은 '아회화'를 생강나무라고 했고, 『제중신편』에서 납매의 이명인 황매를 생강나무라고 했으므로, 김부필이 말한 '아회화'가 바로 생강나무 꽃임을 알 수 있는 것이다. 택당澤堂 이식李植(1584~1647)은 「서교만보西郊晩步」라는 시에서, "그늘진 언덕에도 얼음과 눈은 다 녹았고, 아롱진 납매 꽃이 벌써 보이네(陰崖氷雪盡 已見蠟梅斑)."라고 읊으면서 "민간에서 아회화阿灰花로 부르는 것이 납매蠟梅이다."라는 주석을 이 시에 달고 있다. 이로 보면 조선 중기에는 안동 지방뿐 아니라 서울에서도 생강나무를 '아회화'로 부른 듯하다.

1870년에 간행된 『명물기략』은 "蠟梅랍매, 작은 나무로 가지가 빽빽하고 잎은 뾰족하다. 작은 꽃이 피는데 색은 밀랍 비슷하고 향기롭다. 나무 맛이 생강처럼 맵다. 민간에서 생강나무[생앙나무]라고 부른다. 또 황매라고 한다. … 수피를 물에 적셔 먹을 갈면 빛이 난다."******라고 했다. 즉, 『본초강목』의 납매 설명을 인용하고 있으면서, 우리나라 이름으로 '생앙나무(生薑樹)'를 채록하고 있는데, 이는 조선 후기까지도 우리나라에서 생강나무를 납매로 이해한 정황을 볼 수 있다.

흥미롭게도 1943년 간행된 『조선삼림식물도설』에서 정태현은 Lindera obtusiloba *Bl.*의 조선명으로 '생강나무', '아위나무', '동백나무(강원)'를, 한자명으로 황매목黃梅木을 채록하고 있다. 일제강점기까지 민간에서 생강나무를 '아위나무'라고도 불렀는데, 여기에서 우리는 '아회화'라는 이름의 흔적을 찾아볼 수 있다. 결론을 내리자면 생강나무 꽃을 조선시대에 민간에서 '아회화' 혹은 '아해화'라고 불렀고, 한자로 황매黃梅 혹은 황매화黃梅花로 적었는데, 일부 문인들이 이것을 납매蠟梅로 오해하기도 했다고 할 수 있다.

참고로 황매黃梅는 누런 매실을 가리키기도 하므로 고전을 읽을 때 주의해야 한다. 즉, 하지夏至 전에 매실이 익을 무렵 내리는 비를 황매우黃梅雨라고 하므로, 황매를 만나면 문맥상 이른 봄인지 여름인지를 잘 살펴야 한다. 이제 생강나무 꽃을 읊은 청풍자淸風子 정윤목鄭允穆(1571~1629)의 「우음偶吟」을 감상한다.

봄 눈이 나부끼며 늙은이 얼굴 치는데	春雪飄零拍老顔
생강나무 꽃 피니 꺾어 가기 좋아라.	黃梅花發好折攀
개울 가 덩굴 가시에 옷이 걸려 찢기니	溪邊藤刺拘衣破
약초 캐는 산중에도 한가할 틈 없어라.	採藥山中亦不閒

생강나무 수꽃차례(2021. 3. 19. 양평)

녹나무과에 속하는 생강나무는 중국, 일본, 우리나라에 모두 자생하며, 중국에서는 삼아오약三椏烏藥이라고 하며, 감강甘橿이나 산강山薑이라고도 불린다. 이 나무는 우리나라 전역에 자라며, 암수딴그루인데 봄에 풍성한 꽃이 피는 것은 대개 수나무이다. 수꽃에 비해 암꽃은 조금 더 작고 더 듬성듬성하게 핀다. 아마도 김유정의 소설 「동백꽃」에서, "한창 피어 퍼드러진 노란 동백꽃 속으로 폭 파묻혀버렸다. 알싸한 그리고 향긋한 그 냄새" 장면에서 주인공을 아찔하게 만든 생강나무도 수나무였을 것이라고 짐작해본다. 김유정이 소설을 쓸 당시 생강나무를 강원도에서는 동백나무로 불렀고, 이 사실은 『조선삼림식물도설』에도 채록되어 있다.

사실이지 나는 봄에는 풍성한 꽃을 자랑하는 생강나무 수나무에 눈길이 더 가지만, 꽃이 지고 열매가 익어갈 무렵부터는 동그란 탐스러운 열매를 달고 있는 암나무에 더 눈길을 주게 된다. 더 예쁜 것들에 눈길이 머무는 것은 인지상정일지도 모르겠다. 지금도 퇴계의 유풍이 남아있는 내 고향 도산의 산골 동네는 생강나무 노란 꽃으로 봄이 시작되었다. 꽃이름을 모르던 어린 시절에 봄이면 그 꽃을 꺾어 금복주 병에 꽂아 놓곤

옛글의 나무를 찾아서

생강나무 열매(2020. 7. 18. 청계산)

했다. 당시 동네 어르신들에게 이 꽃이 뭐냐고 묻고 다녔다면, 누군가 "이
게 아회화지, 아회나무 꽃이야! 퇴계는 이 꽃이 납매일 리가 없다고 하셨
어."라는 대답을 들었을지도 모른다. 이제 곧 겨울이 물러가면서 식물원
의 납매 꽃눈이 먼저 터지고, 곧 이 산 저 언덕의 아회화도 보송보송한 노
란 꽃이 부풀어오를 것이다.

* 彦遇 疑阿灰爲蠟梅 滉以爲非也 -『退溪集』

** 蠟梅, 黃梅花 … 此物本非梅類 因其與梅同時 香又相近 色似蜜蠟 故得此名 … 蠟梅
小樹 叢枝尖葉 … 結實如垂鈴 尖長寸余 子在其中 其樹皮浸水磨墨 有光采 -『本草綱
目』

*** 濕癬 初用辛荑花 [卽黃梅花 俗名阿回花也] -『醫林撮要』

**** 木有俗名鵝孩花者 黃藥繁毳如鵝兒毛 有臭類生薑 入於鄕藥方 -『星湖僿說』

***** 桑枝茶 … 若以黃梅枝 [俗所謂生薑木] 兼用 則頗制涼味 -『弘齋全書』日得錄

****** 蠟梅랍매, 小樹叢枝尖葉 開小花色似蜜蠟而香 木味辛如薑 俗言生薑樹생양나무
又曰黃梅황매 … 皮樹浸水磨墨有光 -『名物紀畧』

※ 나는 고대하던 납매를 2022년 3월 중순, 꽃샘추위가 기승을 부리고 봄비가 내리던 날, 인천수목원으로 가서 드디어 감상했다. 잎이 나기 전에 노란 꽃이 피니, 멀리서 보면 생강나무 꽃과 비슷한 면도 있었다. 납매를 볼 수 없었던 옛 문인들이 생강나무 꽃을 납매로 비정했을 수도 있겠다는 생각이 들었다. 퇴계는 중국 송나라 시인들이 납매를 읊으면서 묘사한 특징과 직접 관찰한 생강나무 꽃 모양이 다름을 추론하셨으니, 정말로 뛰어난 관찰력이고 격물치지의 실천이라 하지 않을 수 없다.

양楊, 류柳
우리 삶과 함께한 한반도 대표 수종, 버들과 사시나무

버드나무(2022. 4. 3. 여의도) 꽃이 만개한 모습.

엄동설한이 지나 개울가의 갯버들(*Salix gracilistyla*)에서 버들강아지가
피기 시작하면 우리는 비로소 새봄이 왔음을 느낀다. 시골에서 자랐다면
어릴 적 물이 오른 갯버들 가지를 꺾어서 버들피리를 만들어 불어본 추
억을 누구나 가지고 있을 것이다. 나도 어린 시절에 봄마다 조무래기 친
구들과 함께 버들피리를 만들어 불었다. 곧 수양버들의 하늘하늘 늘어진
가지가 연두색으로 변하면서 봄이 무르익는다. 이른바 "계변양류사사록
溪邊楊柳絲絲綠"이다. 이처럼 버들은 봄을 상징할 뿐 아니라, 우리네 삶과
정서에 깊숙하게 들어와있는 나무이다.

버드나무(2020. 7. 26. 남한산성)

『삼국유사』에 의하면 고구려를 건국한 주몽의 어머니는 하백河伯의 딸로 이름이 유화柳花, 즉 버들꽃이다. 고려의 태조 왕건과 조선을 건국한 이성계도, 바가지에 버들잎을 띄워 마실 물을 준 여인과 인연을 맺는다. 즉, 버들은 우리 역사의 중요한 순간에 지혜로운 여인의 상징으로 등장하고 있다. 이런 역사를 반영하듯, 한글이 창제된 후 1446년 간행된 『훈민정음해례』에서 "'버들'은 류柳가 된다"고 하여, 순우리말인 '버들'을 예로 들어 한글로 쓴 다음 한자로 해설하고 있다. 뿐만 아니라 수많은 시인 묵객들이 봄의 정경과 사랑을 노래하고 그릴 때 버들이 등장한다.

대동강서 고흔님 이별을 할꼐	大同江上送情人
무어라 커 실버들 님을 못 얽어	楊柳千絲不繫人
우는 눈은 우는 눈 서로 대하고	含淚眼着含淚眼
설은 맘은 설은 맘 애 끊이는고.	斷腸人對斷腸人

안서岸曙 김억金億(1895~?)이 번역한 계월桂月의 시「무심한 실버들」인데, 이때 버들은 정인과의 이별을 상징한다. 이처럼 버들은 우리네 정서를 다

수양버들(2018. 11. 3. 창경궁)

양하게 표현하고 있는데, 우리 고전에서 버들을 뜻하는 글자로는 양楊과 류柳가 있다.『훈몽자회』를 비롯하여 거의 모든 옥편에서 2글자 모두 '버들'로 훈을 달고 있어서, 양楊과 류柳가 지칭하는 나무를 구분하기란 쉽지 않다. 양류楊柳처럼 두 글자가 같이 쓰여 수양버들(Salix babylonica L.)을 뜻하기도 하지만, 고전에도 양楊과 류柳는 다른 나무를 가리켰을 가능성이 크다.

『훈몽자회』를 보면, 양楊은 "버들 양, 위로 일어나는 나무"로, 류柳는 "버들 류, 아래로 늘어지는 나무"로 설명하고 있다. 유희의『물명고』에서는 류柳는 '버들', 양류楊柳는 '슈양버들'로 우리말 훈을 적고 있다.『광재물보』에서는 류柳에 대해 "버들, 양楊과 류柳는 한 무리에 속하는 2종류의 나무이지만 상호 같은 이름으로 부른다. 초봄에 움이 트고 곧 노란 꽃술의 꽃이 생긴다."*라고 했다.

『물명고』와『광재물보』에는 양楊을 다루는 항목이 없다. 대신 수양水楊과 백양白楊이 나온다. 수양水楊은『물명고』에서 '갯버들',『광재물보』에

갯버들(2019. 11. 2. 양평 사나사계곡)

서 "개버들, 잎이 둥글고 조금 넓은데 뾰족하다. 가지는 짧고 단단하며 류柳와 완전히 다르지만 꽃은 서로 같다."**라고 했다. 『산림경제』에도 수양水楊을 "시냇가의 잎이 크고 붉은 가지를 가진 버들(溪邊大葉赤枝之楊)"로 기술한 내용이 나오는데, 이는 갯버들을 설명한 것으로 보인다.

백양白楊에 대해서는 『물명고』에서 "잎은 배나무 같고 잎자루가 약하다. 미풍에도 떨린다. '사사나모'"***, 『광재물보』에서는 "'사시나무', 잎이 배나무 잎처럼 둥글고 두텁고 뾰족하다. 앞면은 푸르고 뒷면은 흰색이며 거치가 있다. 나무 재질은 세밀하고 희며, 굳세고 곧다. 그 잎은 스스로 움직인다."****라고 서술하고 있다.

즉, 같은 버들 양楊을 쓰지만 수양은 갯버들, 백양은 사시나무로 보는 것이다. 명나라 이시진의 『본초강목』에서도 류柳와 양楊을 모호하게 구분하고 있다. 즉, 류柳의 별칭으로 소양小楊, 양류楊柳를 들고, "양楊을 류柳로 일컬을 수 있고, 류柳 또한 양楊으로 일컬을 수 있다. 그래서 지금 남쪽 사람들은 양류楊柳라고 함께 부른다."*****라고 기록하고 있다.

사시나무(2020. 6. 13. 화악산)

이러한 문헌에 따르면 버들 류柳는 버드나무속(*Salix*)의 나무를 지칭하는 것이 분명하지만, 버들 양楊은 수양水楊처럼 버드나무속의 나무를 가리킬 수도, 백양白楊처럼 사시나무속(*Populus*)의 나무를 가리킬 수도 있는 것으로 보인다. 『이아』에서 "양楊은 포류蒲柳이다."라고 했듯이, 고대에는 양楊과 류柳를 섞어서 쓰다가 후대로 오면서 점차 구분하여 썼을 가능성도 있다.

우리 속담에 "사시나무 떨듯 한다."라는 말이 있다. 사시나무는 잎자루가 길어서 미풍에도 잎새가 흔들리기 때문인데, 『본초강목』의 백양 설명에도 "일명 고비高飛이다. … 또한 바람에 홀로 흔들려서 '독요獨搖'라는 이름을 얻었다."*****라고 했다. 이 백양을 『물명고』와 『광재물보』에서 '사시나무'라고 했고, 『동의보감』에도 백양수피白楊樹皮를 '사시나무 껍질'이라고 설명하고 있다. 『중약대사전』에서도 백양수피를 산양山楊(*Populus davidiana*)의 껍질이라고 했는데, 산양은 곧 사시나무이다. 그러므로 고전에서 백양은 사시나무류임이 거의 확실하다. 이 백양은 고대 중국에서 무덤가에 심는 나무였다고 한다.

사시나무(2019. 7. 7. 정선)

『한국의 나무』에는 한반도에 자생하는 나무로 버드나무속에는 18종의 나무가 실려있다. 이 버드나무속 나무는 전국의 하천이나 공원, 산야에서 쉽게 볼 수 있다. 한편 사시나무속의 나무로는 사시나무와 황철나무 2종만 있다. 또한 사시나무는 경남 및 전남 이북의 산지 및 계곡부 사면에 드물게 자라고, 황철나무도 강원도 깊은 산의 하천 및 계곡부에 자라므로 민가 근처에서 쉽사리 볼 수 있는 나무는 아니다. 이런 사실로 미루어 보면 우리 고전에서 류든 양이든 '버들'이라고 훈을 달았던 글자는 버드나무속의 나무를 뜻했을 가능성이 크다. 그러나 고전에서 양楊을 만나면 문맥을 잘 살펴야 한다. 민가 근처의 정경을 묘사하고 있으면 '버드나무'나 '수양버들'로, 개울가의 관목류를 가리키면 '갯버들' 혹은 '키버들', 그리고 산속이나 무덤 등의 맥락을 가지고 있으면 '사시나무' 정도로 해석하는 것이 좋겠다.

『시경』에 양楊이 나오는 시가 여러 편 있는데, 『시경식물도감』에서는 청양靑楊(*Populus cathayana*)으로 보고 있고, 『식물의 한자어원사전』에서는 은백양銀白楊(*Populus alba*)이나 모백양毛白楊(*Populus tomentosa*) 등으로 설명하고 있다. 모두 사시나무속이므로 우리말로 번역한다면 사시나무가 적당할 것이다. 이제 『시경』 소아小雅의 「남산에는 사초가 있고(南山有臺)」를 감상해보자.

남산에는 뽕나무가 있고	南山有桑
북산에는 사시나무가 있네.	北山有楊
즐거워라 군자여	樂只君子
나라의 빛이로다.	邦家之光
즐거워라 군자여	樂只君子
끝없이 사시기를.	萬壽無疆

영시에도 "사시나무 잎처럼 떤다."******라는 표현이 있듯이, 동서양을 막론하고 사시나무는 미풍에도 떨리는 나무로 유명세를 탄 나무이다. 나는 오랫동안 이 유서 깊은 표현의 사시나무를 만나고 싶어했다. 사시나무와 은백양의 교잡종으로 야산에 많이 심어진 은사시나무(*Populus x tomentiglandulosa*)는 인근의 청계산에서도 쉽게 만날 수 있다. 은사시나

은사시나무 숲 겨울 모습(2021. 1. 9. 의성)

무도 미풍에 떨리는 모습을 볼 수 있지만, 진짜 야생 사시나무를 보고 싶었던 것이다. 그러나 사시나무를 볼 기회는 좀처럼 오지 않았다. 그러다가 2019년 7월, 열두 달 숲 정선 답사에서 드디어 사시나무를 만났다. 가파른 비탈길을 앞서 가던 일행이 사시나무라고 말하는 소리를 듣고 반가운 마음에 발걸음을 재촉했다. 조금 거칠어진 얼룩덜룩한 회백색 수피를 어루만져 보고, 미풍에 떨리는 잎새들을 보면서 한참 동안 기쁨에 젖을 수 있었다.

* 柳, 버들, 楊柳一類二種 互相稱呼 春初生柔荑 卽生黃蕊花 -『廣才物譜』

** 水楊, 개버들 葉圓微闊而尖 枝條短硬 與柳全別 花則相全 -『廣才物譜』

*** 白楊, 葉似梨而蒂弱 風微亦搖 사ᄉ나모 -『物名考』

**** 白楊, 사시나무, 葉圓似梨葉而肥大有尖 面靑背甚白色 有鋸齒 木肌細白 性堅直 其葉自動 -『廣才物譜』

***** 柳, 小楊 楊柳 … 楊可稱柳 柳亦可稱楊 故今南人猶倂稱楊柳. 白楊, 獨搖 … 木身似楊微白 故曰白楊 … 白楊一名高飛 … 且白楊亦因風獨搖 故得同名也 -『本草綱目』

****** European aspen(*Populus tremula* L.) : The botanical name tremula is derived from the fact that the leaves, which are borne on slender flattened petioles(leaf stalks), tremble and quiver in even the slightest breeze. 'To tremble like an aspen leaf' is a phrase that goes back to the time of the English poet, Edmund Spenser(1522~1599). -『The World Encyclopedia of Trees』

榆

만년의 쓸쓸함이 배어있는 느릅나무와 비술나무

비술나무(2021. 3. 20. 영월 동강)

마음은 답답하고 괴롭네.	惟鬱鬱之憂毒兮
불우한 처지를 당해도 뜻을 바꾸지 않으리.	志坎壈而不違
몸은 새벽까지 잠 못 이루어 초췌하고	身憔悴而考旦兮
아침부터 저녁까지 오래 슬퍼하네.	日黃昏而長悲
텅 빈 방의 외로운 사람을 가련히 여기고	閔空宇之孤子兮
메마른 사시나무 위의 어린 새를 슬퍼하네.	哀枯楊之冤鶵
외로운 암새는 높은 성벽에서 짖고	孤雌吟於高墉兮
울던 비둘기는 뽕나무와 느릅나무에 깃드네.	鳴鳩棲於桑榆

느릅나무(2021. 1. 9. 의성 빙계계곡)

『초사』에 실려있는 구탄九嘆 원사怨思의 한 구절로 권용호 번역[*] 인용이다. '구탄九嘆' 편은 전한 시대 유향劉向(B.C 79~B.C 8)이 지은 것으로, 그가 황제의 명으로『초사』를 교열할 때 굴원의 절개를 추념하기 위해 지어서 마지막에 추가한 것이라고 한다. 특히 「원사怨思」는 모함을 받아 쫓겨난 굴원의 한을 읊은 것이라 시의 분위기가 비장하다. 시에서 슬피 울던 비둘기가 깃드는 나무가 바로 상유桑榆인데, 이를 뽕나무와 느릅나무라고 번역했다.

초사의 이 구절 때문인지는 모르겠지만, 고전에서 상유桑榆는 해 질 녘을 가리킨다.『태평어람太平御覽』은『회남자淮南子』를 인용하여 "해가 서쪽으로 질 때 햇빛이 나무 끝에 있는데, 이를 상유桑榆라고 한다."**라고 기술하기도 했다. 또한 상유는 어떤 일의 마지막 단계, 인생의 만년, 노년을 뜻하기도 한다. 예를 들면, 고전에서 상유일박桑榆日薄은 삶을 마감할 때가 가까워진 노년을 비유한다.

유榆는『초사』뿐 아니라『시경』등 여러 고전에 자주 나오며, 고전 번역가들은 흔히 느릅나무로 번역하고 있다. 그러나『중국식물지』나『초사식물도감』,『시경식물도감』등을 살펴보면 유榆, 즉 유수榆樹를 비술나무

느릅나무 잎과 열매(2020. 5. 16. 남한산성)

비술나무 익어가는 열매(2020. 3. 28. 성남)

(*Ulmus pumila* L.)로 보고 있다. 아울러 분枌이라는 글자도 비술나무로
해설한다. 『식물의 한자어원사전』에서도 유榆를 비술나무로 설명한다.
즉, 식물 분류에서 느릅나무과를 중국, 일본, 우리나라 모두 한자로는 공
히 유과榆科로 표기하는데, 이 유榆를 우리나라에서는 '느릅나무 유'로
읽지만 중국과 일본에서는 비술나무로 해석하는 것이다.

『한국의 나무』에 의하면, 우리나라에는 느릅나무속(*Ulmus*)의 나무
로 느릅나무(*Ulmus davidiana*), 비술나무(*Ulmus pumila* L.), 왕느릅나
무(*Ulmus macrocarpa*), 참느릅나무(*Ulmus parvifolia*), 난티나무(*Ulmus
laciniata*) 등이 자생하고 있다. 사실 이 *Ulmus* 속의 나무 중에서도 느릅
나무와 비술나무는 상당히 비슷하여 구분하기 쉽지 않다. 『한국의 나
무』를 참고해보면 비술나무가 느릅나무보다 더 대형으로 자란다. 잎은
비술나무가 2~5cm로 4~12cm인 느릅나무에 비해 작으나, 열매는 비술
나무가 도란상 원형으로 도란상 타원형의 느릅나무보다 조금 크다. 둘
다 이른 봄에 잎이 나기 전에 꽃이 핀다.

그러므로 조선시대 문인들이 두 나무를 정확히 구분하는 것은 쉽지 않았을 것이다. 이러한 정황은 정약용의 『아언각비』를 봐도 알 수 있다. 이 책에서 정약용은 시무나무(*Hemiptelea davidii*), 왕느릅나무, 비술나무, 참느릅나무 등을 유楡 종류로 설명하고 있다. 일부 옮겨보면 다음과 같다.

"느릅나무(楡)에는 여러 종류가 있다. 첫째는 자유刺楡(시무나무)이다. 『이아』에서 추蓲라고 했다. 당풍唐風의 "산에는 시무나무(樞)가 있네"가 이것이다. 둘째는 고유姑楡(왕느릅나무)이다. 이아에서 무고蕪姑라고 했다. 그 열매가 무이蕪荑이다. 셋째는 백유白楡(비술나무)이다. 『이아』에서는 백분白枌이라고 했다. 진풍陳風에서 일컬은 "동문의 비술나무(東門之枌)"가 이것이다. … 우리나라 민간에서, 백유白楡는 들에서 자라고 [방언으로 '늘읍'이라고 한다], 시무나무(刺楡)를 가정에 심는다 [방언으로 '늣희'라고 한다]."***

『아언각비』에서 정약용은 비술나무인 백유白楡를 '늘읍'이라고 했고, 별도의 느릅나무가 나오지 않으므로 비술나무와 느릅나무를 구분하지 않

왕느릅나무(2022. 4. 24. 단양) - 열매 크기가 동전만 하다.

은 것으로 보인다. 자유刺楡를 '늣회' 즉, 느티나무(*Zelkova serrata*)로 본 것은 잘못 이해한 듯하다. 느티나무는 줄기에 가시가 없기 때문이다.

유楡는 『훈몽자회』에서 '느릅나모 유'로 훈을 단 후 『자전석요』, 『한선문신옥편』, 『한일선신옥편』 등에서도 느릅나무로 훈을 달았고, 현대의 『한한대자전』까지 한결같이 느릅나무로 훈을 달았다. 분枌도 『훈몽자회』에서 느릅나무로 훈을 단 후, 『한한대자전』까지 느릅나무로 훈을 달고 있다. 즉, 느릅나무속의 나무들이 우리나라에 자생하고 있어서 혼동이 없었던 듯하다. 하지만 식물학자들이 느릅나무속의 나무들을 분류하여 식물명을 부여할 때에는 조금의 혼선이 있었던 듯하다.

우리나라 식물분류 연구서로 1937년 발간된 『조선식물향명집』을 보면, Ulmus macrocarpa *Hance*를 '느릅나무'로, Ulmus japonica *Sargent* 는 '떡느릅나무'로 적고 있다. 앞에서도 언급했듯이 U. macrocarpa *Hance*는 현재 '왕느릅나무'로 부르며, Ulmus japonica *Sargent*는 *Ulmus davidiana* var. *japonica*의 이명으로 현재 '느릅나무'로 부르고 있는 것이다. 그리고 Ulmus mandshurica *Nakai*에 '비술나무'라는 이름을 부여했는데, 이는 현재도 비술나무로 부르는 *Ulmus pumila* L.의 이명이다.

1943년에 발간된 정태현의 『조선삼림식물도설』에서도 흥미로운 기록을 볼 수 있다. 느릅나무에 해당하는 'Ulmus japonica *Sargent*'의 조선명으로, 경기도에서 '떡느릅나무'로 부르는데 '느릅나무'로 통한다고 기록한 점이다. 그리고 Ulmus macrocarpa *Hance*의 조선명으로 '왕느릅'을 적고, 북조선에서는 '느릅나무'로 불린다고 적었다. 또한, U. pumila *L*.에 대해서도 조선명으로 함경북도에서 비술나무로 불리지만 평안북도에서는 느릅나무로 부른다고 했다. 이러한 문헌들을 보면 우리나라에서 전통적으로 많이 쓰인 '느릅나무'라는 이름을 어느 종에 부여할지에 대한 식물학자들의 고민을 엿볼 수 있다. 또한, 현대 종명이 규정되기 전까지는 느릅나

비술나무 고목(2021. 3. 20. 정선) 이 마을에서는 느릅나무로 불리고 있었다.

무라는 이름은 비술나무와 왕느릅나무를 포함한 일반명이었을 것이다.

유피楡皮는 『동의보감』에도 한글로 '느릅나모 겁질'로 표기하고 있는 약재이다. 이 약재는 대소변을 원활하게 해 주는 용도로 쓰이며, 유백피楡白皮라고도 하는데, 느릅나무와 비술나무의 껍질을 통용한다고 한다. 전통시대에 통용되는 약재였으니 굳이 느릅나무와 비술나무를 구분할 필요가 없었을지도 모른다. 그래서인지 민간에서는 비술나무를 느릅나무로 부르는 곳이 많다. 2021년 3월 하순에 동강 여행을 가다가 정선의 한 마을에서 거대한 비술나무를 만나 감상했는데, 이곳에 사시는 주민도 느릅나무라고 부르고 있었다.

앞에서 언급했듯이 중국에서는 유楡를 비술나무로 보고 있고, 느릅나무는 춘유春楡라고 한다. 일본에서도 느릅나무를 '하루니레(春楡)'라고 한다. 이런 사정을 감안하여, 고전에서 유楡가 느릅나무 일반이나 약재로 쓰일 때에는 느릅나무로, 특정한 종의 나무를 나타낼 때에는, 특히 중국 고전의 유楡는 비술나무로 번역하는 것이 좋을 것이다. 참고로 비술나무 열매는 옛날 돈을 닮아서 유전楡錢이라고 한다. 이제 비술나무 유楡가 등장하는『시경』당풍唐風의 시「산유추山有樞」를 감상하면서 글을 마친다.

산에는 시무나무가 있고	山有樞
들판엔 비술나무가 있네.	濕有楡
그대에게 옷이 있어도	子有衣裳
걸치지 않고,	弗曳弗婁
그대에게 수레와 말이 있어도	子有車馬
타지 않고 아끼다가,	弗馳不驅
만약 그대 죽게 되면	宛其死矣
남이 그걸 즐기리라.****	他人是愉

* 『초사』(권용호 옮김, 글항아리, 2015)

** 日西垂 景在樹端 謂之桑楡 - 『太平御覽』

*** 楡有數種 一曰刺楡 爾雅謂之櫙 唐風之山有樞是也 二曰姑楡 爾雅謂之無姑 其實卽蕪荑 三曰白楡 爾雅謂之白枌 陳風稱東門之枌是也 … 吾東之俗 白楡野生 [方言云늘읍] 刺楡家種 [方言云늣희] - 『雅言覺非』

**** 『시경』(이가원, 허경진 공찬) 참조

이李, 버柰

과진이내, 과일 중 보배인 자두와 사과

고야(2019. 7. 7. 정선) 자두나무 자생종이 고야이다.

벌써 수십 년 전이지만, 시골 농부로 평생을 사셨던 선친께서 급작스레 돌아가시고 경황이 없었을 때, 나는 어머니를 모시고 선친께서 보시던 책들을 싸서 성남의 우거로 가져왔다. 그중에 붓글씨로 필사한『천자문』의 복사본 1권이 있었다. 이『천자문』은 조부님께서 장손인 대구 큰형님을 가르치기 위해 손수 쓰신 것인데, 말미에 "정유丁酉(1957)년 음력 12월 상순에 와우산인臥牛山人 경와자敬窩子가 5살 손자 권상렬權相烈에게 써서 주다."*라고 기록되어 있어서 그 내력을 알 수 있었다. 당시 큰 애가 5살 무렵이었는데, 아무래도 손자에게『천자문』을 가르치려고 대구 큰

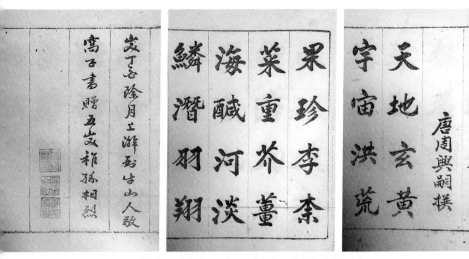

『천자문』 경와 권호윤이 1957년 손자를 위해 쓴 필사본이다.

댁에 있을 원본을 복사하여 손수 오침안정법으로 깔끔하게 묶어둔 것이리라.

나는 선친의 뜻을 헤아려서, 부족하지만 큰애가 초등학생이 되었을 때 '하늘 천天 따 지地'부터 '온 호乎 이끼 야也'까지 천자문을 가르쳤다. 나도 어릴 적에 선친으로부터 천자문을 배웠지만 쉬운 내용이 아니라서, 『주해천자문』 등을 내가 먼저 공부하고 나서 아이를 가르치곤 했다. 이 천자문에 과진이내果珍李柰라는 4글자가 포함되어 있는데, 『주해천자문』은 "실과 과, 보배 진, 오얏 리, 벗 내"라고 훈을 달고 있다. '오얏'은 '자두'임을 알고 있어서 제대로 설명해주었지만, '내柰'는 주석으로 '빈파蘋婆'라고 했는데, 빈파가 무엇인지는 정확히 몰라서 얼렁뚱땅 넘어갔다.

'이하부정관李下不整冠', 즉, "오얏나무 아래서는 관을 바루지 않는다."라는 말로 유명한 조선왕조의 상징인 이李는, 우리나라에서는 『훈몽자회』에서부터 한결같이 '오얏 리'로 이해했다. 단지 발음이 『훈몽자회』에서 '외엿니', 『동의보감』에서 '오얏', 『광재물보』에서 '외얏', 그리고 다시 『자전석요』

꽃이 만발한 자두나무(2021. 4. 4. 성남)

부터 대부분 '오얏 리'로 훈을 달았다. 이 오얏은 현재 우리가 자두라고 부른다. 자두는 자도紫桃가 변한 말로, 조선시대에도 '오얏'을 한문으로 자도

자두나무 꽃(2021. 4. 4. 성남)

紫桃라고도 표현한 듯하다. 1937년간『조선식물향명집』에서 *Prunus triflora Roxb.*(*Prunus salicina*의 이명)의 향명으로 '자두나무'를 부여할 때, '오얏 이 李'를 부기하여 자두와 오얏이 같음을 밝히고 있다.

『본초강목』에서 "이李, 가경자嘉慶子이다. … 이李는 푸른 잎에 흰 꽃이고, 나무는 오래 견딜 수 있고 거의 100여 종에 가깝다. 열매 중 큰 것은 잔이나 알 같고, 작은 것은 탄환이나 앵두 같다. 맛은 달고 시고, 쓰고, 텁텁한 것 등 여러 종류가 있다."**라고 나온다.『중약대사전』은 이李를 자두나무(*Prunus salicina*)로 설명하고, 이명으로 가경자를 기재하고 있으므로,『본초강목』의 이李가 자두나무임을 알 수 있다.『식물의 한자어원사전』도 이李를 자두나무(*Prunus salicina*, 嘉慶子)라고 설명한다. 즉 동양 3국에서 이李는 모두 자두나무를 가리키는데, 자두나무는 만주를 포함한 중국 원산이다. 우리나라에서 과일로 재배한 역사가 깊으며, 강원도 일원에서는 '고야'라고 불리는 자생종 자두나무를 드물게 만날 수 있다. 내 고향에서는 자두를 '추리'라고 불렀고, 또 자두보다 크기가 작은 재래종을 '꼬약'이라고 불렀는데, 이 꼬약이 고야일지도 모르겠다.

옛글의 나무를 찾아서

고야 꽃(2021. 4. 16. 가평 화야산)

이제 내가 큰아이에게 제대로 가르치지 못한 보배로운 과일 내초㮈에 대해 알아보자. 고전 번역서들에서는 주로 내초㮈를 능금으로 보는 듯하다. 능금은 임금林檎에서 유래했다고도 한다. 흥미롭게도『훈몽자회』에는 내초㮈와 임금林檎이 모두 다음과 같은 내용으로 실려있다. "내초㮈, 멋 내, 내초㮈와 통하여 쓴다." "금檎, 닝긂금 (중국에서) 속칭 사과沙果 혹은 소임금小林檎이다."*** 이를 보면 1500년대 당시 '멋'과 '임금'을 구분한 것을 알 수 있고, 또 능금은 중국 민간에서 사과라고도 한 것을 알 수 있다. 이는『본초강목』의 내초㮈와 임금林檎 설명에서도 비슷한 해석을 볼 수 있다.

"내초㮈, 빈파頻婆이다. … 전문篆文의 내초㮈라는 글자는 열매가 나무에 매달려 있는 모습을 형상한 것이다. 범어梵語 말로 빈파頻婆라고 한다. … 내초㮈와 임금林檎은 1가지 류類의 2종種이다. 나무와 열매 모두 임금과 비슷하지만 크다. 서쪽 지방에 가장 많으며, 심을 수도 있고 눌러 번식시킬 수도 있다. 백白, 적赤, 청青의 3가지 색이 있다." ****

"임금林檎, 내금來禽, 문림랑과文林郎果이다. … 이 과일은 맛이 달아 뭇

날짐승들을 오게 할 수 있으므로 임금林禽이나 래금來禽이라는 이름이 붙었다. … 임금은 곳곳에 있고, 내柰와 비슷한 나무이다. 대개 2월에 분홍색 꽃이 피고 열매도 내柰와 같지만 둥글기가 다르고 6~7월에 익는다. … 임금은 곧, 내柰의 작고 둥근 것이다." *****

현대 중국의 본초학 문헌인 『중약대사전』을 살펴보면 내柰와 빈파頻婆가 빈파頻果(*Malus pumila*)의 이명으로 나오는데, 이 빈과를 우리나라에서는 사과나무라고 부른다. 사과나무는 서아시아, 유럽 원산으로, 『본초강목』에서 "서쪽 지방에 가장 많다"고 한 것과 일맥상통한다. 또한 임금林檎은 *Malus asiatica*로 보는데, 우리가 현재 '능금나무'라고 부르는 것이다. 그리고 『중약대사전』에 임금의 이명으로 래금來禽과 함께 사과沙果가 기록되어 있다. 이는 『훈몽자회』에서 '능금(檎)'을 중국 속칭 사과라고 한 기록과 일치한다. 능금나무는 만주를 포함한 중국 일대가 원산지이고 한반도에는 도입된 종이라고 한다.

위 기록들에 의거하면 '사과'는 중국에서 능금(林檎)의 이명으로 쓰였다. 이 사실은 1527년 간행 『훈몽자회』에도 실려있는데, 세월이 흐르면서 능금보다 큰 빈과頻果, 즉 우리말로 '멋'이라고 불렀던 과일을 가리키는 것으로 바뀌었음을 알 수 있다. 이와 관련하여, 연암燕巖 박지원朴趾源(1737~1805)이 1780년 북경을 다녀온 후 저술한 여행기 『열하일기』에 흥미로운 기록이 나온다. 열하의 장터에서 본 마술을 기록한 「환희기幻戲記」 중에 마술사가 보자기 밑에서 빈과蘋果 3개를 꺼내어 파는 장면이 있는데, 이 빈과에 대한 박지원의 다음 주석이다.

"빈과蘋果는 곧 우리나라에서 사과沙果라고 부르는 것이다. 중국에서 사과라고 부르는 것은 곧 우리나라의 임금林檎이다. 옛날에는 우리나라에 빈과蘋果과 없었는데, 동평위東平尉 정재륜鄭載崙(1648~1723) 공이 사신으로 갔을 때에, 가지에 접을 붙여 귀국하면서 우리나라에 비로소 많이 펴

사과(2021. 10. 9. 정선)

졌으며, 그 이름은 잘못 전해졌다고 한다."******

임금林檎, 즉 능금은 이규보李奎報(1168~1241)의 시에 '7월 3일 임금을 먹다(七月三日食林檎)'가 있듯이 최소한 고려시대에 이미 우리나라에 전래한 과일이다. 이에 반해 빈과蘋果, 즉 사과는 박지원의 설명에 따르면, 조선 중엽에 전래된 듯하다. 우리나라 문헌에서 대체로 금檎이나 임금林檎은 '능금'으로 일관되게 설명했다. 즉, 임금林檎을 『동의보감』에서 '님금', 『광재물보』에서는 '능금'으로, 금檎을 『자전석요』에서는 '림금 금', 『한한대자전』에서는 '능금나무 금'으로 설명하고 있는 것이다.

내柰에 대해서는 사정이 다르다. 『훈몽자회』에서 '멋'으로, 『동의보감』에서 내자柰子를 '먼' 혹은 '농배'로 설명했지만, 1700년대 초반에 지어진 『광재물보』에서는 내柰를 '사과'라고 하고 임금林檎과는 다른 종으로, 더 크며 빈과頻婆라고 설명하고 있다. 그 후 『자전석요』, 『한선문신옥편』 및 『한일

사과나무 꽃(2019. 4. 28. 안동)

선신옥편』에서도 내柰를 '사과 내'로, 설명한다. 이는 조선 중기 이후에 사과가 전래되면서 각종 문헌에 반영되었음을 보여준다.

이제 '과진이내'의 내柰는 중국에서 빈파頻果 혹은 빈파頻婆라고 부르던 것이 '사과'로 와전되어 우리나라에 전래되었지만, 능금보다는 사과로 해석하는 것이 더 타당할 것이다. 사과나무가 전래된 조선 말엽에, 귀양살이하던 정약용丁若鏞이 지은 시 한 수를 감상한다. 벼슬살이에서 쫓겨난지 10년이라고 했으니 아마도 1810년 즈음에 지은 빈파頻婆, 즉 사과나무가 등장하는 「홀연히(忽漫)」이다.

홀연히 꽃을 보니 눈물이 수건 적시는데　　　忽漫看花淚滿巾
십 년 전에는 조정의 신하였어라.　　　　　十年前是內朝臣
봄 얼음 건너듯, 호랑이 꼬리 밟듯, 마음 놓을 곳 없으니　春氷虎尾無安土
비바람에 닭이 울면 먼 사람 그리워라.　　　風雨鷄鳴憶遠人
지기는 황천에나 있을 뿐이라　　　　　　知己祇應泉下有
꿈속에서 자주 돌아갈 집 향한다네.　　　還家猶向夢中頻

벽오동 그늘 아래 사과나무 곁에서   碧梧陰下頻婆側
세상살이 어려움 한탄하던 기억이 떠오르네.   記把張陳話宿塵

이 시의 마지막 구에는 "소릉少陵(이가환李家煥, 1742~1801)이 일찍이 말
하기를, '간사한 무리가 나를 잡으려고 천금千金을 걸 것이네.' 하기에, 내
가 말하기를 '그럼 아무개는 오백금五百金으로 살 수 있을까?' 하고서, 서
로 바라보며 크게 웃었다."********라는 정약용의 주석이 들어있다. 위의
시 마지막 구의 장진張陳은, 초한楚漢 시대를 배경으로 한 『사기』 장이진
여열전張耳陳餘列傳에 나오는 장이張耳와 진여陳餘이다. 이 두 사람은 처
음에는 부자처럼 친밀하게 지내다가, 나중에는 권력 앞에서 서로 적이 되
어 싸운다. 아직 장이와 진여가 서로 친할 무렵, 진秦나라에서 장이에게
는 천금千金을, 진여에게는 오백금五百金을 현상금으로 걸고 잡고자 했다
고 한다. 신유박해가 시작되기 전 어느 날 햇살 아래 그늘을 드리워주는
벽오동 나무 아래 사과나무 옆에 서서 정약용과 이가환이 장이진여열전
의 고사를 되새기면서 세상살이 어려움을 토로하는 정경을 상상해본다.

내가 초등학교 다닐 무렵에 선친께서는 사과 과수원 농사를 시작하셨다.
사과나무 묘목을 대구 근처 하양이라는 곳에서 사 오셨다고 말씀하신
기억이 나는데, 초기 묘목은 주로 홍옥과 국광이었다. 그 후 언제인가 부
사 종류로 품종을 개량한 것으로 기억한다. 하여간 그때부터 사과 농사
는 우리 집의 주업이 되었으므로, 조무래기들을 포함하여 온 식구들이
힘을 모아 사과나무를 길렀다. 사과나무에 농약을 칠 때가 되면 길고 긴
약 줄을 누군가 잡고 끌고 해야 했는데, 사과나무 약 치는 날은 으레 줄
잡아주러 밭으로 향해야 했다. 그리고 사과 따는 날도 식구들이 모두 모
여 손을 보탰다.

지금은 과수원에서 어른이 서서 사과를 딸 수 있을 정도의 크기로만 사
과나무를 키우지만, 옛날에는 크게 키웠기 때문에 사과를 수확하려면

사다리를 타고 올라가서 따야 하곤 했다. 한여름 뙤약볕에 약 줄을 잡고 있자면, 언제 아버지가 약을 다 치시나 조바심치면서 그저 빨리 큰 플라스틱 통에 든 약이 다 없어지기만 고대했다. 이제 그 사과 농사 이야기는 아름다운 추억이 되었다. 선친께서 '과진이내果珍李柰'를 가르치면서 내柰를 '벗 내'로만 말씀하시고 사과라는 설명은 없으셨으니, 선친께서도 내柰가 사과인 줄은 생각도 못 하시고 그저 귀한 과일로만 아셨을 것이다. 그리워라, 아버지께 『천자문』을 배우던 어린 시절이.

* 歲丁酉除月上澣 臥牛山人敬窩子 書贈五歲權孫相烈 - 權鎬胤 筆寫『千字文』

** 李 嘉慶子 … 李 綠葉白花 樹能耐久 其種近百 其子大者如杯如卵 小者如彈如櫻 其味有甘酸苦澁數種 -『本草綱目』

*** 柰 멋내 通作奈 금檎, 닝금금. 俗呼沙果 又呼小林檎 -『訓蒙字會』

**** 柰 頻婆 … 篆文柰字 象子綴于木之形 梵言謂之頻婆 … 柰與林檎 一類二種也 樹實皆似林檎而大 西土最多 可栽可壓 有白赤青三色 -『本草綱目』

***** 林檎 來禽 文林郎果 … 此果味甘 能來眾禽于林 故有林禽 來禽之名 … 林檎 在處有之樹似柰 皆二月開粉紅花 子亦如柰而差圓 六月七月熟 … 林檎 即柰之小而圓者 -『本草綱目』

****** 蘋果 即我國所稱沙果 中國所稱沙果 即我國林檎 我國古无蘋果 東平尉鄭公載崙奉使時 得接枝東還 國中始盛而名則訛傳云 -『熱河日記』幻戱記

******* 少陵嘗云 憐夫購我以千金 余日某可得五百金購乎 相視大笑 -『與猶堂全書』詩

자형紫荊

형제간의 우애를 상징하는 박태기나무

박태기나무(2018. 5. 1. 오산 물향기수목원)

콩과 식물에 속하는 관목으로, 잎이 나기 전 4월에 가지마다 홍자색 꽃을 다닥다닥 그득히 피우는 박태기나무(*Cercis chinensis*)가 있다. 『한국의 나무』에 의하면, 박태기나무는 중국 중남부 석회암지대가 원산지라고 하며, 우리나라에는 전국적으로 조경용으로 많이 심고 있다. 이 나무의 중국명은 자형紫荊인데, 우리나라 문헌에서도 자형紫荊으로 썼다. 마을에 조경수를 심은 정원이 없는 산골 마을에서 자란 나는 어렸을 때에 박태기나무를 보지는 못했다. 식물에 관심을 가지게 되면서, 본줄기와 가지를 온통 뒤덮어 버릴 듯이 피어있는 진홍색의 자잘한 꽃 무리를 처음 봤

박태기나무 꽃(2020. 4. 26. 안동)

을 때에 그 모양이 신기했다. 가끔 친구들이 꽃 사진을 찍어 보내면서 이름을 물어볼 때 박태기나무라고 대답해주면, 꽃은 예쁜데 이름이 왜 그러냐는 조금은 의아하다는 반응이었다. 『우리 나무의 세계 1』에서 박상진은 "꽃봉오리가 달려 있는 모양이 마치 밥알, 즉 '밥티기'와 닮았다고 하여 박태기나무란 이름이 붙여진 것으로 짐작된다"고 말했다. 이 박태기나무에 얽힌 재미있는 옛날이야기가 있다.

남북조 시대(386~589) 양梁나라 오균吳均이 지은 『속제해기』에 다음과 같은 고사가 나온다. "경조京兆(수도를 다스리는 관리) 전진田眞은 3형제였다. 함께 재산 분할을 의논했는데, 모든 재산을 공평하게 나누었다. 집 앞의 자형紫荊 나무는 1그루뿐이어서, 3조각으로 쪼개기로 함께 이야기했다. 다음 날 자르러 갔더니 그 나무는 불에 타버린 듯이 말라 죽어 있었다. 전진이 가서 그것을 보고 크게 놀라 아우들에게, '나무는 본래 한 나무인데, 나누어 쪼개질 것이라는 말을 듣고 초췌해진 것이다. 사람이 나무만도 못하구나.'라고 말했다. 이 때문에 크게 슬퍼하면서, 다시는 나무를 자르지 않겠다고 했다. 나무는 이 소리에 감응하여 다시 꽃을 피우고 무성해졌다. 형제는 서로 느낀 바가 있어서 재산과 보물을 합치고, 드디어 효도를 다하는 가문이 되었다. 전진은 벼슬이 태중대부太中大夫에 이르렀다. 육기陸機의 시에 '삼형환동주三荊歡同株'가 있다."*

『속제해기』의 이 고사로 인해 자형紫荊, 즉 박태기나무는 형제간의 우애를 뜻하게 되었다. 그리고 전가자형田家紫荊이나 전씨지형田氏之荊 같은 성어도 만들어졌다. 고전에서 형荊은 일반적으로 중국에서는 목형, 우리나라에서는 싸리 혹은 목형류의 나무를 뜻하는 글자이다. 하지만 문맥상 형제를 뜻하면 이 고사와 관련되어 있으므로 박태기나무로 해석해야 한다. 그리운 동생의 소식을 듣고 쓴 두보杜甫의 다음 시를 읽어보면 그도 이 고사를 알았던 듯하다.

동생 소식을 듣고(得舍弟消息)

바람은 박태기나무에 불고	風吹紫荊樹
봄 빛깔은 뜨락에서 저무네.	色與春庭暮
꽃 지며 옛 가지를 떠나니	花落辭故枝
바람이 불어와도 돌아갈 곳 없어라.	風回反無處
골육의 은혜로운 편지는 소중한데	骨肉恩書重
떠돌이라 서로 만나기 어려워라.	漂泊難相遇
흐르는 눈물이 냇물을 이루어	猶有淚成河
하늘을 지나 동쪽으로 흘러라.	經天復東注

『본초강목』에서는 "자형紫荊은 곳곳에 있다. 사람들이 뜰과 집 사이에 많이 심는다. 나무는 황형黃荊 비슷하고 잎은 작고 갈라진 곳이 없다. 진한 자주색 꽃이 사랑스럽다. … 곧 전씨田氏의 형荊이다. 가을이 되어 씨앗이 여물면 납작한 자주색 둥근 모양이 작은 구슬과 같아서 자주紫珠라고 이름지었다. … 봄에 자주색 꽃이 피는데, 아주 자잘하고 함께 떨기를 이

박태기나무 잎과 열매(2019. 6. 9. 양평)

루어 나온다. 나오는 곳은 정해진 데가 없다. 나무줄기 위에서 나기도 하고 뿌리 위나 가지 아래에 붙어 나기도 한다. 곧장 꽃을 피운다. 꽃이 지면 잎이 나온다. 윤기가 있고 빳빳하며 조금 둥글다. 정원이나 밭에 많이 심는다. … 나무가 크고 가지는 부드러우며, 그 꽃은 무성하다."**라고 하여, 박태기나무를 설명하고 있음을 알 수 있다.

우리나라 문헌을 살펴보면, 형荊은 『훈몽자회』에서 "가새 형. 다른 이름은 자형紫荊. 그리고 형조荊條, 댓싸리"로 나온다. 자형紫荊은 박태기나무이고, 형조荊條는 좀목형의 중국 이름이며, 댓싸리는 댑싸리의 고어이다. 『물명고』에서는 "나무가 크고 가지는 부드러우며, 꽃은 무성하고 자주색이다. 씨앗은 붉은 작은 구슬 같아서 사랑스럽다. 자주紫珠라고 한다."***라고 설명했고, 『광재물보』 관목류에서는 "곧, 전씨田氏의 형荊이다. 나무는 모형牡荊 비슷하고 잎은 작고 갈라진 곳이 없다. 진한 자주색 꽃이 무성하게 피는데 사랑스럽다. 그 열매는 납작하고 둥근 구슬 같다."****라고 했다. 모두 『본초강목』의 설명과 일치하므로, 박태기나무 설명으로 볼 수 있다. 정태현의 『조선삼림식물도설』에서는 박태기나무의 한자명으로 소방목蘇方木*****, 자형목紫荊木, 만조홍滿條紅을 들고 있다. 이제『동문선』에 실려있는 가정稼亭 이곡李穀(1298~1351)의 시 한 편을 감상한다.

형님 편지를 보고(得家兄書)

천한 몸이 무슨 일을 이루겠다고	賤子成何事
해마다 멀리 여행하는가?	年年作遠遊
이스라지 꽃 핀 곳은 드문데	棣華開處少
박태기나무는 그윽히 뜰에 있구나.	荊樹得庭幽
서신은 누렁이를 수고롭게 할지니	信字煩黃耳
여생은 흰 머리로 함께 하고파.	餘生共白頭
편지를 두고 하염없이 바라보니	置書空悵望
강물은 날마다 동쪽으로 흐른다.	江海日東流

체화棣華는 '이스라지 꽃'으로,『시경』의 시 '상체常棣'에 형제간의 우애를 상징하는 꽃으로 나온다. 그러므로 이곡은 형제간의 우애를 상징하는 대표적인 두 나무를 들어 시를 읊고 있는 셈이다. '황이黃耳, 즉 누렁이는 진晉나라 육기陸機(260~303)의 애견 이름으로 육기의 편지를 전달해주었다고 한다. 그런데 마지막 구절의 '강물은 날마다 동쪽으로 흐른다'는 앞에서 소개한 두보의 '하늘을 지나 동쪽으로 흘러라.'라는 표현과 흡사하다. 특히 우리나라 강은 대체로 서해나 남해로 흐르는데도 '동쪽으로 흐른다.'라고 표현한 것을 보면, 이곡이 두보의 시를 읽고 참고했을 가능성도 있다.

봄마다 나는 박태기나무 꽃을 감상했지만, 이 꽃이 형제간의 우애를 뜻하는지는 미처 몰랐다. 이 뜻을 알고 나자 투박한 이름을 가진 박태기나무가 더 좋아진다. 나에게도 남동생이 둘 있는데, 3형제가 산골 들판을 누비며 함께 자랐다. 봄에는 뛰어놀고, 여름부터는 꼴을 하고, 가을이면

이스라지(2023. 4. 8. 인천 계양산)

이스라지 꽃(2023. 4. 8. 인천 계양산)

옛글의 나무를 찾아서

추수를 돕고, 겨울이면 땔나무를 같이했다. 다행히 지금도 모두 멀지 않은 곳에 살고 있어서, 이런저런 집안일을 함께하고 가끔 산을 같이 오르기도 하면서 서로 의지하며 살고 있다. 이제 이스라지뿐 아니라 박태기나무를 볼 때에도 내 동생들을 떠올리게 될 것 같다.

* 京兆田眞 兄弟三人 共議分財 生資皆平均 惟堂前一株紫荊樹 共議欲破三片 明日就截之 其樹即枯死 狀如火燃 眞往見之 大驚謂諸弟曰 樹本同株 聞將分荊 所以憔悴 是人不如木也 因悲不自勝 不復解樹 樹應聲榮茂 兄弟相感 合財寶 遂為孝門 眞仕至太中大夫 陸機詩云 三荊歡同株 -『續齊諧記』

** 紫荊, 釋名 紫珠, … 頌曰 紫荊處處有之 人多種於庭院間 木似黃荊 葉小無椏 花深紫可愛. 藏器曰 即田氏之荊也 至秋子熟 正紫圓如小珠 名紫珠 江東林澤間尤多. 宗奭曰 春開紫花甚細碎 共作朶生 出無常處 或生於木身之上 或附根上枝下 直出花 花罷葉出 光緊微圓 園圃多植之. 時珍曰 高樹柔條 其花甚繁 歲二三次 其皮入藥 … -『本草綱目』

*** 紫荊 高樹柔條 花繁紫色 子如紅小珠 可愛 紫珠 -『物名考』

**** 紫荊, 即田氏之荊也 木似牡荊 葉小無椏 花深紫色 繁英可愛 其實正圓如珠 -『廣才物譜』

***** 소방목蘇方木은 소목蘇木이라고도 하며,『본초강목』에는 소방목蘇枋木으로 나온다.『중약대사전』에는 실거리나무속의 Caesalpinia sappan L.로 소개되어 있다. 우리나라에는 이 속에 속하는 실거리나무가 서남해 도서와 제주도에 자란다.『동의보감』 탕액 편에도 소방목蘇方木이 한글로 '다목'이라는 설명과 함께 소개되어 있는데, 이 '다목'이 무슨 나무를 뜻하는지 모르겠다.

재 梓

고향을 뜻하는 상재의 나무 개오동

개오동(2021. 6. 18. 오산 물향기수목원)

내 고향은 도산면의 산골 마을인데, 대학에 들어가면서 고향을 떠났으니 어언 40년이 가까워진다. 20여 년 전 어머니께서도 고향을 떠나, 시골 집은 해마다 조금씩 허물어지고 있었다. 결국 빈집으로 오랫동안 버려져 있는 것이 근심스러워, 2년 전 봄에 집을 완전히 철거하고 집터는 밭으로 만들었다. 이제 고향 마을에 가도 잠시 앉아 있을 처마도 없는 셈이어서 마음이 허전했다.

고향에서 산 세월보다 타향에서 산 세월이 훨씬 긴데도 아직 선친께서

평생을 사셨던 고향 마을이 그리운 것을 보면, 누구에게나 고향이란 마음속 깊숙이 간직하고 있는 삶의 뿌리인 듯하다. 옛글을 보면 고향을 뜻하는 말로 상재桑梓라는 말이 보인다. 이 말은 『시경』 소아小雅의 시 「소반小弁」에서 비롯되었는데, 그 일부는 다음과 같다.

상桑과 재梓까지도	維桑與梓
반드시 공경하니	必恭敬止
눈을 뜨면 보이는 건 아버님이고	靡瞻匪父
눈을 감으면 그리는 건 어머님이라네.	靡依匪母
터럭까지 물려받지 않았던가?	不屬于毛
살결까지 물려받지 않았던가?	不離于裏
하늘이 나를 버렸으니	天之生我
나의 좋은 시절은 언제나 오려나?	我辰安在

고대 중국에서는 마을 주변에 양잠을 위해 상桑을 심고, 가구를 만들기 위해 재梓를 심었다고 한다. 이것이 「소반小弁」의 모티프가 되어 상재가

개오동 잎과 꽃(2021. 6. 18. 오산 물향기수목원)

부모님이 계시는 고향을 뜻하게 되었다. 흔히 이 상재桑梓를 '뽕나무'와 '가래나무(*Juglans mandshurica*)'로 번역하고 있다. 『훈몽자회』에서 "梓, 가래나모 재, 결이 매끈한 것이 재梓이고, 용茸(맹아 혹은 잔털)이 흰 것이 추楸이다. 또한 의椅라고 한다."*라고 했고 대부분의 옥편에서 이 글자를 '가래나무 재'라고 한 데서 기인할 것이다.

상桑이 뽕나무임에는 틀림없지만, 재梓가 가래나무인지는 좀 더 살펴볼 필요가 있다. 왜냐하면 중국 본초학 문헌에서는 재梓를 한결같이 개오동(*Catalpa ovata*)으로 보고 있기 때문이다. 반부준의 『시경식물도감』과 『초사식물도감』을 보면, 재梓는 개오동이고, 추楸와 의椅는 모두 학명이 *Catalpa bungei*로 나오는데, 이는 개오동류로 우리나라에서는 만주개오동이라고 하기도 한다. 『중약대사전』에서도 재梓는 개오동이라고 밝히고 있다. 한편, 일본의 『식물의 한자어원사전』에서는 재梓가 중국에서는 개오동, 일본에서는 자작나무과의 '일본벚자작나무(*Betula grossa*)를 가리킨다고 했다.

명나라 때 편찬된 『삼재도회』에 재梓가 그림과 함께 실려있다. "재백피梓白皮, 하내河內의 산골짜기에 자란다. 지금은 길 가까이에도 다 있다. 나무는 오동나무 비슷한데 잎이 작고 꽃은 자주색이다."**라고 설명하고 있다. 재梓에 대한 이러한 설명은 가래나무로 보기 어렵고, 그림도 가래나무와는 거리가 멀다. 참고로 재백피梓白皮는 약재 이름으로, 개오동의 뿌리껍질 혹은 수피의 질긴 부분을 말한다.

『본초강목』에서는, "재梓는 온갖 나무 가운데 제일이다. 그래서 재梓를 목왕木王이라고 부른다. 대개 재梓보다 더 좋은 나무는 없으므로, 『서경』에서 '재재梓材'로 편篇 이름을 삼고, 『예기』에서 재인梓人으로 명장名匠 이름으로 삼고, 조정에서 재궁梓宮으로 관棺 이름을 삼았다."***라고 하면서 재梓, 즉 개오동을 재목으로 으뜸가는 나무로 소개하고 있다.

가래나무 열매와 잎(2017. 8. 12. 봉화)

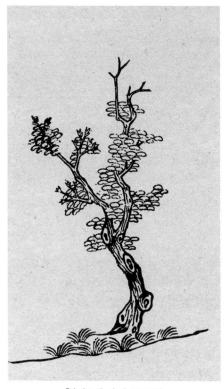

『삼재도회』의 개오동 그림

개오동 꽃(2021. 6. 18. 오산 물향기수목원)

『훈몽자회』에서 '가래나모'라고 했던 재梓를 우리나라에서 그 후 어떻게
이해했는지 알아보자. 우선『전운옥편』은 "梓 자, 추楸이다. 목공木工, 고
향故鄕은 상재桑梓이다."라고 설명했지만 한글 훈이 없어서 어떤 나무로
이해했는지 알기 어렵다.『물명고』에서 유희柳僖는 "재梓, 추楸, 의椅는 같
이 1종류이다. 추수楸樹는 가을이 되면 가지를 실처럼 늘어뜨리는데 그
것을 추선楸線이라고 한다. 반복해서 상고해보니 다 함께 우리 동방의 '노
나무' 무리이다. 그런데 다만 '노나무' 하나로는 그 3가지 중 어떤 것을
가리킬까?"****라고 설명하고 있다. 그러므로 유희는 재梓를 노나무라고
한 셈인데,『광재물보』도 '노나무'라고 했다. 이러한 이해는『자전석요』와
『한일선신옥편』에도 '梓 노나무 자'로 이어진다.

'노'는 실로 꼰 줄을 뜻하고, 한글학회의『우리말큰사전』을 보면 노나무를
'개오동나무'로 설명하고 있다. 정약용의『아언각비』를 보면, 가檟를 설명
하는 항목에서, "『이아익』곽씨해郭氏解에서 '크고 껍질이 갈라진 것을 추
楸라고 하며, 작고 껍질이 갈라진 것을 가榎라고 한다.'라고 말했다. 곽씨

개오동(2021. 1. 9. 의성) 열매를 매달고 있는 겨울 모습이 수사동垂絲桐,
즉 실을 늘어뜨린 오동이라고 불릴 만하다.

는 드디어 의椅, 재梓, 추楸, 가檟는 1종류의 나무인데 4가지 이름으로 다
망라한 것이라고 했다. 우리나라의 수사동垂絲桐은 곧, 개오동(梓)이다.
그 나무는 바로 관을 짜는 재목으로 알맞기 때문에 재관梓棺이라고 한
다."*****라고 했는데, 정확한 해설인 듯하다. 이는 정태현이 『조선삼림식
물도설』에서 '개오동나무'의 한자명으로 재梓를 채록한 것과 일치한다.

개오동은 중국 중북부 원산으로, 가을이나 겨울에 보면 길이 20~30cm
정도의 열매 꼬투리가 길게 아래로 늘어뜨려져 있으므로 수사동垂絲桐,
즉 실을 늘어뜨린 듯한 오동이라는 표현이 정확한 것이다. 이것으로 보면
조선 중기까지 재梓가 추楸와 함께 '가래나무'를 뜻했지만, 후기로 오면서
수사동이나 '노나무'로 불리기도 한 개오동을 뜻했다고 추정할 수 있다.
그러므로 고향을 뜻하는 상재桑梓는 뽕나무와 개오동으로 이해하는 것
이 더 타당할 것이다. 이제 백담柏潭 구봉령具鳳齡(1526~1586)이 귀향했을
때 고향 친구가 찾아온 정경을 읊은 시 1편을 감상한다. 반겨주는 고향
의 벗 정련鄭璉(1524~1594)에게 준 시로, 제목은 「정정기 련에게 화답하다

개오동(2018. 5. 27. 안동 도산 퇴계종택)

(答鄭廷器璉)」이다.

십 년 만에 나그네로 상재에 돌아오니	十年桑梓客初回
홀연히 정든 옛 친구가 찾아오네.	忽有人隨舊雨來
구름 집에서 상을 마주하니 산 그림자 속이고,	雲屋對床山影裏
한 동이 술 넉넉하니 회포 풀기 좋구나.	一樽贏得好懷開

2018년 5월 26일과 27일 양일간 나는 이면상, 김수연 교수와 함께 셋이서 포럼2020의 안동 여행을 주관하게 되어 고향을 다녀왔다. 첫날은 하회마을을 관광하고, 경상북도독립운동기념관에서 강윤정 학예연구부장님으로부터 안동의 독립운동에 대한 강연을 들은 후, 석주 이상룡 선생의 생가인 임청각을 방문했다. 봉화 유곡에 있는 충재종택의 재실인 추원재에서 1박한 후, 둘째 날은 내 고향인 도산면 일대를 권윤대 면장님과 안현주 문화해설사님의 설명을 들으며 둘러보게 되었다.

여행객의 시선으로 고향을 다녀보기는 처음이어서 색다른 경험이었다.

도산서원과 퇴계종택, 이육사문학관, 퇴계묘소 등을 방문했는데, 평소 그냥 지나치던 곳을 새롭게 느낄 수 있었다. 농암종택 방문에서는 종손이신 이성원 선생님 말씀에서 양반가의 전통과 품위를 느꼈고, 퇴계종택에서는 이근필 종손의 접빈객하시는 모습에서 많은 것을 배웠다. 세월호 참사 후 의재정아義在正我, 즉 '의리는 나를 바르게 하는 데 있다'는 글씨를 써서 나눠주고 계시는데, 그 배경 설명을 듣고선 나도 모르게 마음이 숙연해졌다. 연로하신 종손께서는 우리와 면담하는 동안 내내 손님 접대의 예절을 지키시기 위해서인지 꿇어앉아 계셨다. 우리는 황송해서 오래 머물지 못하고 곧 기념촬영을 한 후 종택을 나섰다. 종택 앞을 흐르는 시냇물이 퇴계退溪 선생이 호로 삼은 토계이다. 이 냇가에 넓은 잎의 나무 1그루가 보여 살펴보니 지난해 여물었던 노끈 같은 열매를 아직도 매달고 있는 개오동이었다. 고향에 와서 고향을 뜻하는 상재桑梓의 나무를 만난 셈이어서 몹시 반가웠다.

---

* 梓, 가래나모재 膩理者梓 茸白者楸 亦曰椅. 楸 가래츄 實曰山核桃 又唐楸子曰核桃 -『訓蒙字會』

** 梓白皮 生河內山谷 今近道皆有之 木似桐而葉小 花紫 -『三才圖會』

*** 梓, 木王. 梓爲百木長 故呼梓爲木王 蓋木莫良於梓 故書以梓材名篇 禮以梓人名匠 朝廷以梓宮名棺也 -『本草綱目』

**** 梓楸椅同是一類 而楸樹至秋 垂條如線 謂之楸線 反覆考之 并爲我東노나무之屬 而只一노나무 可當三者中何物歟 -『物名考』

***** 爾雅翼 郭氏解云 大而皵者謂之楸 小而皵者謂之榎 郭氏逡云 椅梓楸櫝 一物而四名總之 吾東之垂絲桐 卽梓也 其木正中棺材 故梓棺 -『雅言覺非』

조리稠李, 앵액櫻額

일찍 잎을 틔우고 먼저 떨구는 귀룽나무, 그리고 들쭉나무

귀룽나무 열매(2018. 9. 8. 태백산)

이른 봄 산속에서 가장 빨리 노란 꽃망울을 터트리는 나무가 생강나무라면, 가장 먼저 연두색 새 잎사귀를 펼치는 나무는 귀룽나무이다. 아직 대부분의 낙엽 활엽수들이 나목으로 봄맞이 준비를 할 때, 키 큰 귀룽나무의 신록은 계곡 이곳저곳을 봄빛으로 물들인다. 뿐만 아니라 가을이 되면 가장 빨리 잎을 떨군다. 여름이 한창인 8월 중순에 벌써 잎사귀 색을 바꾸기 시작하여 10월이면 낙엽이 거의 다 진다. 아직 온 숲이 푸르고 단풍이 지기 시작할 무렵, 귀룽나무는 잎을 다 떨궈내고 가늘고 긴 가지들을 늘어뜨린다. 귀룽나무(*Prunus padus* L.)는 지리산 이북의 산지 계곡

가에 흔하게 자라는 나무이고, 봄에 피는 꽃도 풍성하고 예뻐서 선인들의 눈길을 사로잡았을 법한 나무이다. 이 '귀룽나무'라는 이름은 『조선식물향명집』에 채록된 이름이므로, 일제강점기 당시에 민간에서 이 이름으로 불리었을 것이다. 그렇다면 이 귀룽나무는 고전에서 한자로 어떻게 표현되었을까?

정태현의 1943년 『조선삼림식물도설』을 보면, 이 귀룽나무의 한자명으로 구룡목九龍木과 조리稠梨가 기재되어 있다. 『중국식물지』는 귀룽나무를 조리稠李라고 하는데, 아마도 조리稠梨와 조리稠李는 혼용되는 것 같다. 왜냐하면 1942년 3월에 조선총독부임업시험장에서 발간한 『조선산야생식용식물』에는 귀룽나무의 한자명으로 구룡목九龍木과 조리稠李가 기재되어 있는데, 정태현은 이 작업에도 참여한 바 있다. 그 후, 1947년 간행된 도봉섭, 심학진의 『조선식물도설-유독식물편』과, 1956년 간행된 이영노, 주상우 공저의 『한국식물도감』에는 귀룽나무의 한자명으로 구룡목九龍木만 기재되어 있다.

귀룽나무 단풍(2020. 8. 8. 창경궁)

귀룽나무 꽃 (2019. 4. 28. 안동 태자리)

구룡목九龍木이라는 이름에 대해서는, 박상진이 『궁궐의 우리나무』에서 북쪽 지방에서 구룡九龍이라는 지명을 가진 곳에서 많이 자라는 데서 비롯된 것이라고 추정했지만, 아직 나는 옛 문헌에서 그 전거를 찾지는 못했다. 몇 해 전에 복사본을 입수한, 이종진李鐘震의 1873년 발문이 붙어있는 필사본 『녹효방錄效方』에서는 귀농목貴弄木이라고 표기한 약재가 나오는데, 이 귀농목의 한글 이름을 '귀룽나모'로 달고 있는 것으로 보아 구룡목九龍木도 귀룽나무의 음차일 가능성도 있다. 하여간 『중약대사전』에는 한약재 조리자稠梨子가 다모조리多毛稠李(*Prunus padus* L. var. *pubescens* Reg.), 즉 귀룽나무 변종의 열매로 나오는데, 이 조리자稠梨子의 이명으로 앵액櫻額 및 앵액리櫻額梨도 기재되어 있다. 그러므로 귀룽나무는 중국 고전에서 한자로 조리稠李, 조리稠梨 및 앵액櫻額 등으로 표기되었다고 할 수 있다.

그런데 성해응成海應(1760~1839)의 저술 『연경재전집』의 북변잡의北邊雜議에 앵액櫻額에 대한 다음과 같은 설명이 나온다.

"앵액櫻額은 지금 북로北路에서 '들쭉(杜乙粥)'이라고 일컫는 것이다. 혹은

귀룽나무 열매(2020. 9. 12. 화악산) 검은색 야포도野葡萄, 즉 머루와 비슷한 모습이다.

東葚見圖陽雜俎云樂浪有夾釦葚葵生橫斜如人
帶釦今所稱束葚也弱蔓秀英先荻而熟鐵那夾郡
用備輮櫻稱者今北路所稱杜乙粥也戎云杜棣
考之本草未得其狀康熙暇餘編云盛京烏喇等
性溫榍肫止泄腹乾之為末可以致遠又豎京志櫻
額一名榍李子土人珍之暑月作麵調水服之可止
潟
雞說文云水蟲也蠡豁之人食之今考字彙龘稱水
難中國人通食之不徒蠡豁之人食之也今水雞無
慶不在味甚佳
人蔘東國之產也稱中國絕之也陶弘景稱上黨蔘
為佳今關西北及廢四郡迤至吉林一帶遼陽寧古
塔諸山中皆產蔘有神劾開山東人沿鴨綠江而上
以丹黃節入江界覓採蔘此乃渤海所以通朝貢道
也我人不知獨中國人知之可不戒哉
龍簀產東北海中獨葽滑澤無傍枝簀家代善意
朔之額也珊瑚產陽海故白歟
鐘城之浯溪五龍川皆產硯材但文少粗屬其最膩
潤者與端溪同品歟抗則遜之矣今混同江產松花

四八二

성해응은 『연경재전집』의 북변잡의에서 들쭉나무를 앵액櫻額으로 기록했다.

두체杜棣라고 한다. 본초本草를 상고해보아도 그 모양을 찾을 수 없다. 강희제康熙帝(1654~1722)의 『기가여편』에서 말하기를 성경盛京, 오랄烏喇 등에서 모두 생산된다고 했다. 그 나무는 총생叢生이고, 과일 모양은 머루와 같은데 조금 작다. 맛은 달고 떫으며, 성질은 따뜻하고 비장을 돕고 설사를 그치게 한다. 햇볕에 말려 가루로 만들면 오래 보관할 수 있다. 또한 『성경지』에 앵액櫻額은 일명 조리자稠李子이다. 토착민들이 보배로 여기고 더운 달에 면으로 만들어 물에 말아 먹는다. 설사를 멈출 수 있다."*

성해응의 위 설명을 보면, 중국에서 귀룽나무를 가리키는 앵액櫻額을 우리나라에서는 들쭉나무로 이해한 정황이 보인다. 성해응의 글을 좀 더 자세히 살펴보자. '두을죽杜乙粥'은, 유희가 『물명고』에서도 "우리나라 북부 지방에 있는 이른바 '두을죽됴乙粥'이라는 것은 열매가 오미자五味子 같은데 핵核이 없다. 맛은 새콤달콤하다. 과일로도 충분한 고품이다."**라고 설명한 나무와 같을 것이다. 이 '두을죽'을 현재 들쭉나무(*Vaccinium uliginosum* L.)라고 부르는데, 『물명고』의 설명과 같이 현재에도 흑자색으로 익는 들쭉나무 열매는 식용한다.

'두체杜棣'는 두을죽杜乙粥의 이명으로 보이는데, 이규경李圭景(1788~?)의 『오주연문장전산고』 '백두산변증설'에 "두체杜棣는 민간에서 둘죽튠粥이라고 부른다."라고 한 데서 알 수 있다. 이는 『아언각비』의 두중杜仲 조에도 보인다. "두중杜仲은 향목香木이다. 일명 사중思仲, 일명 목면木綿이다. [껍질 중에 솜 같은 은색 실이 있다.] [본초에 이르기를,] 옛적에 두중杜仲이 이것을 먹고 득도하여 두중杜仲이라고 이름하게 되었다. 우리나라 사람들이 [방언으로 두을죽杜乙粥이라고 말하는] 두체자杜棣子를 잘못 두중杜仲이라고 하고, 또 와전되어 두충杜冲이라고 한다. 약포藥舖의 거간꾼들이 모두 두충杜冲이라고 하는데, 이는 잘못이다."***

두중杜仲은 두충(*Eucommia ulmoides*)을 가리키는데, 정약용은 이 두충

두충(2019. 6. 9. 양평 양수리)

을 들쭉나무 열매로 말하는 것이 잘못이라고 기록하고 있는 것이다. 실제 두충의 열매와 잎을 찢으면 속의 끈끈한 진액이 실처럼 보인다. 그리고 중국 본초학 문헌에는 '두체杜棣'라는 식물이 나오지 않는 것으로 보아 두체杜棣는 들쭉나무를 가리킨 우리나라 한자명이다. 또한 앵액櫻額도 이시진의 『본초강목』에는 실려있지 않으므로, 성해응은 '본초本草를 상고해보아도 그 모양을 찾을 수 없다'고 했다.

위에서 인용한 성해응과 정약용의 글을 보면, 백두산에서 많이 나는 들쭉나무 열매는 일찍이 식용으로 널리 알려진 것인데, 이것의 한자명에 대해 혼란이 있었고, 일부 학자들이 앵액櫻額이나 두중杜仲이 들쭉나무일 것이라고 생각했던 듯하다. 『중국식물지』에서는 들쭉나무를 독사월귤篤斯越橘이라고 하고 이명으로 흑두수黑豆樹 등이 기재되어 있다. 『조선삼림식물도설』에서도 들쭉나무의 한자명으로 흑두목黑豆木을 기재하고 있다.

참고로 성해응은 '백두산기'에서 들쭉나무를 가리킬 때 앵액櫻額 대신 두체杜棣를 쓰고 있다. 예를 들면, "연지봉臙脂峯, 뾰족한 형상으로 붉은

산앵도나무 열매(2019. 8. 4. 치악산)

색이어서 이름이 붙었다. 두체杜棣(들쭉나무) 떨기가 봉우리를 덮고 있어서 붉은 것이지, 흙이나 돌 색깔은 아니다."**** 등이다. 실제로 들쭉나무는 높이 0.5~1m 정도 자라는 낙엽관목으로 가을에는 붉게 단풍이 든다. 그리고 만주를 포함한 중국 북부 지방, 즉 성경盛京과 오랄烏喇 지역에 자생하는데, 『한국의 나무』에 의하면 우리나라에는 "제주(한라산) 및 강원(설악산) 이북의 높은 산지 바위지대"에 자란다고 한다. 나는 동속 식물인 정금나무(*Vaccinium oldhamii*)와 산앵도나무(*Vaccinium hirtum* var. *koreanum*)는 몇 차례 보았지만, 아직 들쭉나무는 만나지 못했다. 고산지대에 드물게 있다고 하니, 쉽지는 않겠지만 언젠가 식물애호가들과 함께 산길을 걷다가 들쭉나무 열매를 맛보는 기쁨을 누리고 싶다.

* 櫻額者 今北路所稱杜乙粥也 或云杜棣 考之本草 未得其狀 康熙幾暇餘編云盛京烏喇 等處皆產焉 其樹叢生 果形如野葡萄而稍小 味甘澁 性溫補脾止泄 曬乾之爲末 可以致遠 又盛京志 櫻額一名稱李子 土人珍之 暑月作麵調水服之 可止瀉 –『研經齋全集』北邊雜議

** 豆乙粥, 我東北道地有 所謂豆乙粥者 子如五味子而無核 味甘酸過之 充果高品 –『物

옛글의 나무를 찾아서

名考』

*** 杜仲者香木也 一名思仲一名木綿 [皮中有銀絲如綿] 昔杜仲服此得道 故名曰杜仲 [本草云] 東人誤以杜棣子爲杜仲 又訛爲杜沖 [方言曰杜乙粥] 藥舖牙郎皆呼杜沖 誤矣 –『雅言覺非』

**** 臙脂峯, 形尖而色紅故名 杜棣之叢被之而紅 非土石之色也 –『研經齋全集』北邊雜議

지枳, 귤橘

세상에서 가장 아름다운 귤나무와 귤이 되지 못한 탱자

탱자나무(2019. 4. 28. 안동 태자리 고향마을)

과수원 농사를 지으시던 선친께서 생전에 밭 이곳저곳에 심은 나무들 중 아직도 자라고 있는 것은 호도나무, 음나무, 복사나무, 두충, 대추나무 등이 있고 탱자나무도 1그루 있다. 10여 년 전 시골 동네에서 트럭이 다 닐 수 있도록 농로를 확장하면서 그 밭의 일부를 무상으로 기증해 달라 고 부탁해왔을 때, 나는 흔쾌히 그러겠다고 하면서 조건을 하나 달았다. 바로 농로가 넓혀질 곳에 자라고 있던 탱자나무를 옮겨 심어서 살려 달 라는 것이었다. 다행히 확장 공사를 하면서 그 나무를 밭 안쪽으로 옮겨 심었는데, 덕분에 해마다 봄가을로 고향 마을에 갈 때마다 탱자나무의 꽃이나 열매를 감상할 수 있다.

이 탱자나무를 볼 때마다 나는 그리운 아버지를 추억하면서, 귤화위지橘化爲枳, 즉 "귤이 회수를 건너면 탱자가 된다"는 고사성어를 떠올렸다. 『안자춘추』에는, "귤橘은 회수淮水 남쪽에 자라면 귤橘이 되고, 회수淮水 북쪽에 자라면 탱자(枳)가 된다. 잎 모양은 비슷하지만 그 열매의 맛은 같지 않다. 그렇게 되는 이유는 무엇인가? 물과 토질이 다르기 때문이다."*라고 나온다. 이 사자성어는 사람들의 성장 환경의 차이가 결과에 큰 영향을 미친다는 의미로 사용되고 있다.

어떤 종(species)의 나무가 강을 건너고 기후가 달라졌다고 다른 종으로 바뀔 수는 없다. 같은 종이었지만 서로 다른 대륙으로 헤어져서 지질학적 시간이 경과할 경우 근연종으로 진화할 수는 있겠지만 말이다. 하지만 이 고사에서 귤과 탱자는 가까운 사이라는 사실과, 귤나무는 회수 남쪽 즉 강남에 자라고 탱자나무는 내한성이 더 좋아서 회수 북쪽 지방까지도 자랄 수 있다는 것을 알아챌 수 있다. 『한국의 나무』를 보면, 귤나무(*Citrus reticulata*)는 중국 남부 지방 원산으로 우리나라에서는 주로 제주도에서 과실수로 재배하며, 탱자나무(*Citrus trifoliata* L.)는 중국 중남부 지방 원산으로 민가에 울타리용으로 식재한다고 서술하고 있다. 즉, 이 두 나무가 같은 운향과의 *Citrus* 속에 속해서 가까운 사이임을 알 수 있다. 귤을 감귤柑橘이라고도 하는데, 본초학 서적에서 탱자나무를 지枳뿐 아니라 구귤枸橘, 취귤臭橘 등으로 부르는 것으로 보아 예부터 탱자도 귤의 일종으로 본 듯하다. 또한 귤橘과 지枳는 중국에서 도입하여 식용 및 약용으로 재배한 역사가 오래여서 고전 번역에서도 혼동한 적은 없었다. 우리나라 문헌을 살펴보더라도 『훈몽자회』에서 "橘 굵귤, 속칭 금귤金橘", "枳 탱자기, … 본음은 지止"라고 훈을 단 이후, 줄곧 이 글자를 귤과 탱자로 이해했다.

귤나무(2018. 11. 11. 서귀포)

몇 해 전 굴원屈原(B.C 353~B.C 278)의 『초사』 구장九章 편을 읽다가 귤을 찬미하는 노래인 「귤송橘頌」**을 보고 감동한 적이 있다. 좀 길지만 전문을 옮겨본다.

하늘과 땅에서 가장 아름다운 나무,	后皇嘉樹
귤로 와서 이 땅에 적응했네.	橘徠服兮
천명을 받아 다른 곳에 가지 않고,	受命不遷
남국에서 자랐네.	生南國兮
뿌리는 깊고 튼튼해 옮기기 어렵고,	深固難徙
더욱이 곧은 심지까지 가졌네.	更壹志兮
녹색의 잎에 하얀 꽃,	綠葉素榮
무성한 것이 사람을 즐겁게 하고,	紛其可喜兮
겹친 가지의 날카로운 가시,	曾枝剡棘
둥근 열매가 알차게 맺혔네.	圓果摶兮
파랑과 노랑이 섞이고	靑黃雜糅
색깔은 찬란하네.	文章爛兮

옛글의 나무를 찾아서

붉은 껍질에 하얀 속살	精色內白
도의를 품은 것 같네.	類可任兮
무성하고 잘 다듬어져,	紛縕宜脩
아름답고 추하지 않네.	姱而不醜兮
어린 그대의 기개를 찬미하노니,	嗟爾幼志
남들과 다른 곳이 있네.	有以異兮
홀로 서며 옮겨가지 않았으니,	獨立不遷
어찌 기뻐하지 않으리.	豈不可喜兮
깊고 튼튼해 옮기기 어렵고	深固難徙
마음은 넓어 다른 것을 구하지 않네.	廓其無求兮
세상에 홀로 깨어	蘇世獨立
뜻대로 하며 시류를 따르지 않으며,	橫而不流兮
욕심을 절제하고 자신을 조심해	閉心自慎
끝내 잘못을 범하지 않네.	不終失過兮
덕을 가지고 사사로움이 없으니	秉德無私
천지와 하나가 되네.	參天地兮
바라건대 세월과 함께 흘러도	願歲並謝
오랫동안 그대와 친구로 있고 싶네.	與長友兮
아름다우면서 방탕하지 않고,	淑離不淫
굳세면서 일관되네.	梗其有理兮
나이는 어려도	年歲雖少
어른과 스승이 될 수 있네.	可師長兮
품행이 백이와 비견되니,	行比伯夷
나는 그대를 본보기로 삼으리.	置以為像兮

아마도 과문한 내가 알기로, 이 「귤송」이 동양 고전의 시가 중에 특정 나무를 찬미한 최초의 노래일 것이다. 귤은 춘추전국시대에 초나라의 특산물이었다고 한다. 다산 정약용도 굴원의 귤송과는 다른 의미를 담고 있

탱자나무(2021. 6. 5. 강화도 사기리) 천연기념물 제79호. 강화도는 탱자나무가 자라는 북한계선으로 알려져 있다.

탱자나무(2020. 9. 20. 안동 도산 태자리) 선친께서 고향 마을 밭 가에 심으신 것이다. 멀리 청량산이 보인다.

옛글의 나무를 찾아서

지만 제주도의 진상품인 귤에 대해 「공귤송貢橘頌」을 지었다. 이로 보면 '귤화위지橘化爲枳'는, 예로부터 강남의 좋은 환경에서 자란 귤나무가 군자의 상징으로 우러름을 받았지만 강북이라는 거친 환경 탓에 귤나무가 되지 못한 탱자나무의 애환을 담고 있는 고사성어가 아닐까 하는 생각으로 머릿속이 복잡해진다. 견강부회하여 선친께서 시골 밭 가에 탱자나무를 심으신 뜻을 다시금 되새겨본다. 환경 탓하지 말고 타고난 본성을 잘 기르면서 즐겁게 살아가라는 뜻이라고.

* 橘生淮南則爲橘 生於淮北爲枳 葉徒相似 其實味不同 所以然者何 水土異也 -『晏子春秋』
**『楚辭』九章 橘頌 (권영호)

추樞

방랑 시인과 설움을 함께한 시무나무

시무나무(2020. 5. 31. 여주 섬강)

선친께서 남기신 책 중에 손수 두툼한 종이로 표지를 만들고 붓으로 『김립시집』이라 쓴 책이 있다. 김삿갓으로 불린 김병연金炳淵(1807~1863)의 시집이다. 1977년 대구시 중구에 주소지를 둔 서울출판사에서 간행했고, 거친 갱지 102장에 조잡하게 인쇄된 책이다. 제목이 있던 앞표지는 없어졌고 맨 뒤의 판권지만 남아있다. 본문의 마지막 줄에 '각주상해脚註 詳解 김립시집료 金笠詩集了'라고 쓰여있어서 본래 책 제목을 추정할 수는 있다. 출간 당시 정가 250원으로, 아마도 선친께서 시골 장터에서 장돌뱅이 책장수에게서 구입한 듯한데 선친의 손길이 배어 있어서 나에겐 소중

한 책이다. 이 책의 첫 시가 「스무나무 아래에서(二十樹下)」이다.

스무나무 아래 설운 손이요   二十樹下三十客
마흔 집 가운데 쉰 밥이다.   四十家中五十食
인간에 어찌 이런 일이 있으리오.   人間豈有七十事
돌아가서 설은 밥 먹는 것만 못하다.   不如歸家三十食

둘째 구는 '망할 놈의 마을에선 쉰 밥을 주더라(四十村中五十食)'로 된 판본도 있다. 이 시는 김삿갓의 파격적 풍자시의 대표로 인구에 회자되어 왔다.

2020년 2월 8일 나는 식물애호가들과 함께 경기도 가평의 화야산 큰골 계곡으로 겨울나무를 감상하러 갔다. 개울가에 서 있는 아름드리나무 앞에서 김태영 선생이 시무나무(*Hemiptelea davidii*)를 설명하면서 이 시를 인용했을 때 나는 선친의 손때 묻은 책이 떠올라 한동안 감상에 젖었다. 푸른 하늘을 배경으로 수많은 잔가지가 얽혀있는 나무를 쳐다보니,

『김립시집』 표지와 판권지. 표지 글씨는 선친 필적이다.

시무나무 꽃차례(2021. 4. 16. 가평 화야산)

아직 가지마다 조그마한 열매를 매달고 있었다. 봄에 꽃을 피워 여름에 열매가 맺혔을 텐데 겨울이 다 가도록 매달고 있는 것이 기특했다.

김삿갓이 '이십수二十樹'라고 쓴 이 시무나무는 『시경』 등 고전에서 추樞나 자유刺榆라고 쓴다. 『시경』 당풍唐風에 '산에는 추樞가 있네(山有樞).'라는 시가 있고, 주자는 『시경집전』에서 "추樞는 치茎이다. 지금은 자유刺榆라고 한다."*라고 해석했다. 『본초강목』에서는 "자유刺榆는 자柘(꾸지뽕나무, *Maclura tricuspidata*)와 같은 바늘 가시가 있다. 잎은 유榆(비술나무) 같은데, 데쳐서 나물국을 만들면 백유白榆보다 좋다."**라고 나온다. 『중국식물지』나 『시경식물도감』, 『북경삼림식물도보』 등에 의하면 현대 중국명으로도 자유刺榆는 '시무나무'를 가리킨다.

우리나라에서도 『훈몽자회』에 "자유수刺榆樹 스믜나무"가 나오고, 추樞는 '지도리 츄'로만 나오지만, 앞에서 소개한 주자의 "추樞는 자유刺榆"라는 주석 때문에 자연스럽게 추樞를 시무나무로 보게 되었다. 이러한 설명을 이어받아 『물명고』에도 자유刺榆와 추樞는 '스믜나모', 『광재물보』에도 '쓰무나무'로 나온다. 정태현의 『조선삼림식물도설』에서도 시무나무의 한자명으로 자유刺榆와 추樞 등을 기재했다. 이런 사정 때문에 우리나라에서 고전의 추樞와 자유刺榆를 대체로 시무나무로 바르게 번역할 수 있었다.

정약용은 『아언각비』에서 "우리나라 민간에서, 비술나무(白榆)는 들에서 자라고[방언으로 '늘읍'이라고 한다.], 시무나무(刺榆)를 가정에 심는다[방언으로 '늣희'라고 한다.]."***라고 하여, 자유刺榆를 '늣희' 즉, 느티나무(*Zelkova serrata*)라고 했다. 황필수黃泌秀(1842~1914)의 『명물기략』 수목부樹木部에도, "자유刺榆, 민간에서 '귀목龜木'이라고 한다. 또한 소유蘇榆라고 하는데, '느틔나무'로 바뀌었다. 나무는 꾸지뽕나무(柘) 같고, 잎은 비술나무(榆) 같다. 우리나라 풍속에 4월 8일 잎을 채취하여 떡을 만든다. 추樞이다. 원교員嶠 이광사李匡師(1705~1777)는 황유黃榆를 '느틔', 자유刺榆를 '스믜나무'라고 했다."****가 나온다.

이를 보면 조선시대 일부 학자들이 자유刺榆를 느티나무로 보았고, 일부

시무나무 가시(2021. 1. 9. 의성)

는 시무나무로 본 듯하다. 하지만 느티나무 가지에는 가시(刺)가 없고 시무나무에는 있는 점으로 미루어 자유刺楡는 시무나무로 보는 것이 타당하다. 마지막으로 시무나무, 자유刺楡를 읊은 동주東州 이민구李敏求(1589~1670)의「가을 흥취, 절구 10수(秋興十絶句)」중 한 편을 읽어본다.

영변 셩에 셔리 버려 시무나무 잎은 물들고   邊城霜落刺楡黃
하늘 끝 높은 바람은 기러기 행렬 보내네.   天末高風送雁行
팔월이라 변방에 소식 끊어지니   八月關河消息斷
고향으로 돌아갈 길은 가을 들어 멀어지네.   故園歸路入秋長

병자호란(1636)때 강화도가 청나라 군대에게 함락당한 데 대한 문책으로 이민구가 평안도 영변寧邊에서 귀양살이할 때 지은 시이다. 가을이 깊어가며 서리가 내리고 시무나무 잎이 노랗게 물들기 시작하자, 시인은 매서운 겨울 추위가 닥치기 전에 귀양살이에서 풀려나길 고대하는 마음이 컸을 것이다. 김병연에게 풍자의 대상이던 시무나무가 이 시에서는 기약 없이 귀양살이하는 이민구의 쓸쓸한 마음을 대변하고 있는 듯하다.

---

* 樞莖也 今刺楡也 -『詩經集傳』

** 刺楡有鍼刺如柘 其葉如楡 瀹爲蔬羹 滑於白楡 -『本草綱目』

*** 吾東之俗 白楡野生 [方言云늘읍] 刺楡家種 [方言云늣희] -『雅言覺非』

**** 刺楡 俗言龜木귀목 又曰蘇楡 轉云느틔나무 樹如柘葉如楡 東俗四月八日取葉作餠 o 樞 o 李員嶠 以黃楡爲느틔 刺楡爲스믜나무 -『名物紀略』樹木部

춘椿

아버지의 장수를 축원하는 참죽나무

참죽나무(2018. 6. 13. 고양 서오릉)

지금은 베어져 없어졌지만, 어릴 때 자랐던 시골집 뒤 텃밭 가에 아름드리 참죽나무(*Toona sinensis*)가 있었다. 기억나는 것이라곤, 겨울이 되면 바닥에 빼곡히 송이째 떨어진 참죽나무 열매를 밟으면 바삭거리는 소리가 유난히 컸다는 점이다. 땅콩만 한 각진 열매를 감싸며 5갈래로 갈라진 열매가 바싹 말라 있어서 밟히는 소리가 컸을 것이다. 이 나무를 동네 조무래기들은 '가동나무'라고 불렀다. 10여 년 전 겨울 어느 날, 사당역에서 관악산을 오르다가 관음사 담장 바깥에 떨어져 있는 '가동나무' 열매를 보고 너무 반가워서 열매 다발 몇 개를 배낭에 넣어 집으로 가져온 적

231

참죽나무(2017. 11. 26. 서울)

이 있다. 그때까지 나는 이 나무의 정확한 이름을 몰랐다. 그 열매를 참고하여 도감을 샅샅이 뒤진 후에야, 어릴 적 '가동나무'라고 부르던 나무가 참죽나무임을 겨우 알게 되었다. 아마도 내가 나무 이름을 알아낸 후 기뻐하기로는 이 참죽나무가 제일일 것이다.

『장자』 소요유逍遙遊 편에, "아주 옛날에 큰 춘椿은 8,000년을 살아도 봄한철, 가을 한철 지낸 것에 불과했다."*라는 구절이 있다. 이렇게 『장자』에서 춘椿을 장수하는 나무로 비유한 이래, 춘정椿庭이나 춘부장椿府丈이 남의 아버지를 뜻하게 되었다. 반부준의 『성어식물도감』을 보면 중국에서 춘椿을 향춘香椿, 즉 참죽나무(*Toona sinensis*)로 기술하고 있다. 한편 『식물의 한자어원사전』을 살펴보면 춘椿이 중국과 일본에서 의미가 다르다고 하면서, 중국에서는 참죽나무, 일본에서는 동백나무(*Camellia japonica*)를 뜻한다고 했다.

우리나라에는 이 춘椿을 어떤 나무로 이해했는지 문헌을 살펴보자. 『훈몽자회』에서는 "椿 튱나무 츈, 속칭 춘수(椿樹)", 『광재물보』에서는 "椿,

동백나무 꽃(2018. 12. 8. 해남 달마산) 일본에서 춘椿은 동백나무를 뜻한다.

참죽나무"로, 『자전석요』에서는 "椿 오래 사는 나무 대춘 춘, 참죽나무 춘", 1913년에 간행된 『신옥편』에서도 "椿 대츈(츈), 참죽나무(츈)"이라고 되어 있다. 상대적으로 일관되게 참죽나무라고 설명하고 있는 셈이다. 그러나 일제강점기가 지속되면서 사정이 복잡해진다. 일본에서는 춘椿을 '쓰바키'라고 불렀는데, 이 '쓰바키'가 *Camellia japonica* L., 즉 동백나무이기 때문이다. 그리하여 1935년경에 발간된 『한일선신옥편』에서는 "椿(츈) 츈나무(츈), 잎은 상록이며 겨울에도 푸르다. 꽃이 크고 매우 아름답다. 열매로 기름을 짜서 머리칼에 바른다. ツバキ(쓰바키)"라고 하여 동백나무로 설명하고 있는 것이다. 하지만 현대의 민중서림 『한한대자전』을 보면 다시 "참죽나무 춘"으로 나온다.

1937년 발간된 『조선식물향명집』에서는 *Toona sinensis Roemer*에 '참중나무'라는 이름을 부여하고 한자명 춘椿을 달아놓았다. 일본에서 춘椿을 '동백나무'로 보고 있음에도, 식민지 시대 향명집 저자들은 조선시대에 이해했던 대로 '참중나무'라는 이름을 부여한 점은 특기할 만하다. 그 후 정태현의 『조선삼림식물도설감』에도 참중나무를 한자명으로 진승목眞

참죽나무 새순(2020. 4. 26. 안동 태자리) 봄나물로 먹는다.

참죽나무 열매 송이(2018. 8. 8. 창경궁)

옛글의 나무를 찾아서

僧木, 향춘수香椿樹라고 했는데, 아마 '참중나무'는 '진짜 스님' 나무라는 뜻일 터이다.

우리나라에는 참죽나무가 자생하지 않지만, 일찍이 중국에서 전래되어 신라시대부터 인가 근처에 심었다고 하며, 봄에 새순을 '가죽나물'이라고 하여 식용하고 있다. 또한 참죽나무 목재는 무늬가 아름다워 예로부터 소목장이 아끼는 고급 가구재이다. 이렇듯 주변에서 쉽게 만날 수 있는 나무이므로 상대적으로 나무 이름에 대한 혼란은 없었다. 그러나 일본에서 이 춘椿을 동백나무라고 하고, 특히 뒤마의 소설「동백꽃여인(La Dame aux camélias)」을 각색한 베르디의 오페라「라 트라비아타(La traviata)」를 「춘희椿姬」로 소개하면서 혼란이 발생하여, 가끔 이 글자를 동백나무로 보는 경우가 있는 것 같다. 하지만 우리나라 고전의 춘椿은 동백나무가 아니므로 주의해야 한다. 그리고 많은 경우 춘椿을 대춘大椿, 영춘靈椿, 춘나무, 대춘나무, 영춘나무 등으로 번역하고 있으나, 정확히 참죽나무라고 하는 것이 더 적절할 것이다.

참죽나무 떨어진 열매 송이(2022. 3. 10. 성남 율동공원)

참죽나무 고목 보호수(2021. 7. 29. 전주 경기전)

이제 춘춘椿이 시어로 사용된, 목은牧隱 이색李穡(1328~1396)이 동정東亭 염
흥방廉興邦(?~1388)의 생일을 축하하는 시 한 편을 읽어본다.

바다와 하늘을 비추는 신령스러운 참죽나무,	一樹靈椿照海天
상서로운 바람과 이슬을 몇천 년이나 적시었나?	祥風瑞露幾千年
그 나무 아래 동정께서 홀로 앉아 계시니	東亭獨坐於其下
나무와 나란히 장수하실 줄 알겠네.	壽算端知也並傳

이 생일 축하연 시에서 참죽나무는 장수를 축원하는 의미로 쓰이고
있음을 알 수 있다. 또한 영춘靈椿은 아버지를 신령스러운 참죽나무에

비유하여 장수를 기원하는 뜻을 가지고 있다. 학봉鶴峯 김성일金誠一 (1538~1593)은 「경원慶源의 객사客舍에서 묵은 해를 보내다」라는 시에서 팔순이 넘는 아버지, 청계靑溪 김진金璡(1500~1580)의 장수를 영춘으로 축원하고 있다.

올해도 이 밤이 지나면	今年此夜盡
아버님 연세가 팔순을 넘네.	親齡逾八襲
만리 타향의 나그네로 떠도는 신세	遊子客萬里
마음은 부질없이 날을 아끼네.	寸心空愛日
내 소원은 하루 해가 길어져	我願一日永
천갑자와 맞먹게 되는 거라네.	可當千甲乙
영춘께서는 팔만 년을 봄으로 삼아	靈椿八萬春
천지와 더불어 끝이 없으리!	天地無終畢

요즈음이야 백세시대이지만, 조선시대에는 일흔만 해도 드물게 보는 장수長壽라고 하여 고희古稀라고 불렀다. 그러므로 여든을 넘긴 김진金璡은 당시에 장수했다고 할 수 있겠지만, 부모님 연세가 아무리 높아도 더 오래 사시길 바라는 것은 모든 자식의 바람일 터이다. 영춘靈椿에 얽힌 이야기를 쓰고 있자니, 환갑을 갓 넘기신 후 갑자기 우리 곁을 떠나신 아버지가 더욱 그리워진다. 산골 마을에서 아버지로부터 『천자문』이며 『명심보감』 등을 배우던 어린 시절이 아련하기만 하다.

* 上古有大椿者 以八千歲爲春 八千歲爲秋 -『莊子』逍遙遊

침梣

물을 푸르게 하는 수청목 물푸레나무와 침계

물푸레나무(2022. 7. 1. 안양 수리산)

산골 마을에서 자라면서 산에서 나무를 할 때 우리는 소나무나 잣나무, 낙엽송, 참나무, 싸리나무가 아니면 모두 잡목으로 취급했다. 꽃이 피는 참꽃(진달래)이나 개꽃(철쭉), 찔레꽃, 열매를 먹을 수 있는 깨금나무(개암나무)나 머루(왕머루), 다래, 그리고 약용으로 사용되는 오배자나무(붉나무) 등은 조금 대접을 받아서 이름을 불러주었지만 나머지는 그저 이름없는 잡목이었다. 당연히 생강나무나 분꽃나무, 조팝나무, 국수나무, 신나무, 느릅나무, 시무나무 등은 나로서는 이름을 알 방법이 없었다. 신나무는 가지로 장난감 새총을 만들었으므로 아무렇게나 새총나무로 부르기도 했다. 소코뚜레를 만들 때에는 물푸레나무를 쓴다는 이야기를 듣긴 했지만, 어린 시절에는 물푸레나무가 정확히 어떤 나무인지는 몰랐다. 열두 달 숲 모임에 참가하면서 비로소 물푸레나무를 알게 되었는데, 이 나무는 산 곳곳에 자라고 있었다.

유홍준의 『완당평전』을 보면, 추사秋史 김정희金正喜(1786~1856) 선생의 글씨로 「침계梣溪」라는 편액 한 편이 있다. "완당의 횡액 글씨 중 명품으로 손꼽히는 기념비적인 작품이다. 비문 글씨를 느끼게 하는 금석기가 강한데 완당은 윤정현을 위해 이 글씨를 쓰기로 마음먹은 지 30년 만에 비로소 서한 시대 예서체를 본받아 썼다고 한다."라고 설명한 멋진 글씨이다. 침계梣溪 윤정현尹定鉉(1793~1874)은 추사의 제자로 먼 친척이라고 하며, 추사가 북청에 유배 중일 때 함경도관찰사로 재직하면서 도움을 주었다고 한다. 나는 이 글씨를 보고 침계梣溪가 무슨 뜻일까 궁금해졌다. 우선 침梣이 어떤 나무인지 살펴보면서 추사의 명작 「침계梣溪」의 배경을 알아본다.

물푸레나무 수피(2020. 11. 2. 남양주 천마산)

추사 김정희 글씨 「침계梣溪」(보물 제1980호)

옥편을 찾아보면 침梣은 '물푸레나무 침'으로 나온다. 『중국식물지』에서 물푸레나무(*Fraxinus rhynchophylla*)를 대엽침大葉梣(혹은 대엽백랍수大葉白蠟樹)이라고 하고, 『식물의 한자어원사전』에서도 침梣을 *Fraxinus chinensis*(*F. rhynchophylla*의 이명)라고 하여 해석이 일치하고 있으므로 침梣은 물푸레나무류임에 틀림없을 것이다. 우리나라에서도 이 글자로 물푸레나무를 가리킨 역사는 깊다. 『훈몽자회』를 보면, "梣 므프레 잠, 약방문의 진피秦皮이다. (중국에서) 속칭 고리목苦裏木이다."*라고 기재되어 있다. 『자전석요』와 『한선문신옥편』, 『한일선신옥편』에도 침梣은 '무푸레, 청피목靑皮木'으로 일관되게 나온다. 아마 물푸레나무가 우리나라 전국의 산지에 자생하는 나무여서 혼동이 없었던 것 같다. 널리 알려져 있듯이 '물푸레'는 나무껍질을 벗겨서 물에 담가 놓으면 파란 물이 우러난다는 데서 유래했다.

『훈몽자회』에서 '므프레'를 약방문의 진피秦皮라고 했는데, 이를 반영하듯 『동의보감』 탕액 편에는 진피秦皮를 '무푸렛 겁질', 『향약집성방』에서는 향명으로 '수청목水靑木(물푸레나무 껍질)'으로 설명하고 있어서 일관성을 확인할 수 있다. 『본초강목』을 보면 "진피秦皮는 원래 침피梣皮로 썼는데, 그 나무가 작아도 우뚝하게 높이 크므로, 이로 인하여 이름하게 되었다. 사람들이 잘못하여 심목樳木이라고 했고, 또 와전되어 진목秦木이 되었다. 어떤 이는 원래 진秦 지방에서 나므로 진秦이라고 이름했다고 말한다. … 껍질에 흰 점이 있는데 조잡하게 섞여있지는 않다. 껍질을 물에 담그면 물

물푸레나무 수꽃차례 (2022. 4. 15. 서울 서울숲)

이 곧 푸른색이 된다."**라고 해서, 약재 진피와 침榜이라는 나무의 관계
를 설명하고 있고, 나무의 특성도 밝히고 있다.

이제 물푸레나무가 분명한 침榜과 추사의 서예 작품에 등장하는 윤정현
의 아호 침계榜溪의 관계를 추적해보기로 한다. 윤정현의 아버지는 이조
판서를 지낸 윤행임尹行恁(1762~1801)이다. 윤행임의『석재고』에는 윤정현
의 조부 윤염尹琰의 묘지인 청탄지青灘誌가 있다. 시작 부분에 묘소 위치
에 대한 다음 설명이 나온다. "아! 이곳은 선군자先君子의 묘소이다. 지명
은 수청탄水青灘(물푸레여울)이다. 수청水青이라는 것은 심목樳木을 민간
에서 부르는 이름이다. 여러 문헌을 상고해보면 침피榜皮라고도 하고, 석
단石檀, 번규樊梘, 진피秦皮라고도 한다. 용인龍仁 현縣의 동쪽 5리 법화
산法華山 아래 오향午向의 언덕에 있다. 용인龍仁은 본래 구성현駒城縣이
다. 현縣 좌측에 공자를 모신 사당이 있는데 사당에서 좌측이 법화산法
華山이다."*** 이 기록으로 보아, 윤정현은 선대 묘소가 있는 수청탄水青
灘의 별명인 침계榜溪로 자신의 호를 지었을 것이라고 추측할 수 있고, 침
榜은 물푸레나무를 가리켰을 가능성이 큰 것이다.

물푸레나무 열매(2019. 11. 2. 양평)

법화산法華山은 현재 용인시 기흥구 청덕동에 있다. 청덕동은 수청동水靑洞과 덕수동德水洞을 합친 이름으로, 법화산 동쪽 물푸레고개에서 발원하는 탄천 상류 청덕천이 흐르는 동네이다. 용인문화원에서 발간한『내고장 용인 지지총람』에는 청덕리의 부락 이름으로 '무푸레울', 고개 이름으로 '무푸레고개'가 나오며, '무푸레울'은 "청덕리에서 으뜸되는 마을. 물푸레나무가 많았다 함"이라고 기록되어 있다. 물푸레나무가 많았던 청덕리의 '무푸레울' 마을이 수청탄水靑灘, 즉 침계梣溪임은 쉽게 짐작할 수 있다.

윤행임尹行恁도 1801년 신유박해 때 처형당하고 용인의 선산 '무푸레울'에 묻혔다. 윤정현은 부친이 묻힌 마을 이름을 호로 삼아 어린 시절 겪었던 신유박해의 슬픔을 평생 기억했을 것이다. 윤행임의 묘소는 청덕리에 있었으나 법무연수원을 건립하면서 이장되었다고 한다. 추사의 명작「침계梣溪」의 배경 '무푸레울'은 역사의 흔적을 묻어버리고, 지금은 고층 아파트 단지가 들어서 있다. 아직도 '물푸레마을'로 불리고 있지만, 누가 침계를 기억할까? '한국고전종합DB'를 더 찾아보니「침계의 옛집을 회상하

법화산 물푸레고개(2021. 1. 17. 용인) 고개 정상의 벚나무 수피에 '무푸레고개' 표지가 붙어있다.

며(懷橋溪舊居)」라는 윤정현의 시가 그의 문집에 남아있다.

우리 집은 아직 법화산 남쪽 여울에 있는데	吾廬尙在華南溪
진실로 기러기가 눈 진흙 밟고 지나간 듯하여라.	眞若過鴻印雪泥
울타리 아래 잡초는 누가 뽑아주나?	惡艸誰能籬下去
어린 뽕나무는 응당 지붕과 나란해졌겠지.	稚桑應與屋頭齊
해마다 우로의 은혜 입은 여생의 한을	年年雨露餘生恨
냇물과 들판 곳곳마다 옛 꿈이 희미하네.	處處川原舊夢迷
늙그막에 첨정과 시를 읊을 만하니****	老境添丁如可賦
온 가족 이끌고 이곳으로 향하리.	全家又向此中携

나는 윤정현이 그리워했던 '무푸레울' 마을에 물푸레나무가 있는지 궁금
해서 눈발이 간간히 휘날리던 2021년 1월의 어느 주말 홀로 청덕동을 거
닐고 법화산에 올랐다. 이 마을에 물푸레나무가 많았다고 기록되어 있지
만, 아파트 단지로 개발된 마을에서는 찾아볼 수 없었다. '무푸레고개'와
법화산으로 오르는 등산로 곁으로 그리 크지 않은 물푸레나무 몇 그루

쇠물푸레(2019. 4. 28. 안동 태자리)

가 참나무 숲 사이에서 자랄 뿐이었다. 지금은 '무푸레울' 마을의 옛 흔적을 찾아볼 수 없는데, 청덕초등학교 근처 청덕천 곁에 500년 된 느티나무가 버팀쇠에 의지하여 힘겹게 숨쉬고 있었다. 아마 이 느티나무는 침계 윤정현의 어린 시절이나 어른이 된 후 선산을 찾는 모습을 목격했을지도 모른다.

'무푸레울'에서 찾기 어려운 물푸레나무는 전국 곳곳에서 아름드리로 자라고 있다. 내 고향 마을에도 해마다 단오에 그네를 매었던, 당산나무 소나무 고목 곁에도 아름드리 물푸레나무 1그루가 있다. 봄에 풍성하게 가지 끝에서 늘어지는 연두색 꽃차례도 아름답고, 단순한 흰 얼룩 무늬 수피도, 바싹 마른 열매 송이를 잔뜩 달고 있는 겨울 모습도 다 멋지다. 추사의 명작 글씨 「침계梣溪」에 얽힌 물푸레나무 이야기를 알고 나니 이 나무가 더 멋있어 보인다. 돌이켜보면 어린 시절 내가 보았던 소코뚜레로 쓰던 물푸레나무는 쇠물푸레(Fraxinus sieboldiana)일지도 모른다. 선친께서 소코뚜레를 만들기 위해 잘라 온 물푸레나무는 언제나 손가락 굵기의 어린 나무 줄기여서, 나는 물푸레나무가 자그마한 나무일 것이라고

쇠물푸레 꽃차례(2019. 4. 28. 안동 태자리)

은연중에 생각했던 것이다. 2019년 봄에 고향 마을 산을 올라보니 코뚜레로 쓰기에 알맞은 낭창낭창한 쇠물푸레가 상당히 많이 보였다. 물푸레나무는 교목으로 크게 자라지만 쇠물푸레는 소관목 형태가 많다.

마지막으로 정약용 선생의 연작시 「귀전시초歸田詩草」 중에서 물푸레나무*****를 노래한 부분을 감상한다.

소나무 참나무 곱게 우거진 곳	松櫪濃姸處
휘돌아 흐르는 물푸레나무 물굽이	紆回梣木灣
새로 빗은 머리털 같이 아름다우니	美如新櫛髮
이곳 여씨 집안 산은 사랑스럽네.	愛是呂家山

* 梣 므프레 잠 方文云秦皮 俗呼苦裏木 -『訓蒙字會』

** 秦皮 本作梣皮 其木小而岑高故因以爲名 人訛爲樳木 又訛而爲秦木 或云本出秦地故得秦名也 … 皮有白點而不粗錯 取皮漬水便碧色 -『本草綱目』

*** 嗚呼 此先君子衣履之藏也 地名水青灘 水青者樗木之俗稱也 考諸圖經 或稱樗皮 或稱石檀 或稱樊槻 或稱秦皮 在龍仁之縣治之東五里 法華山之下 向午之原 龍仁本駒城縣 縣之左 有夫子廟 自廟而左曰法華 – 『碩齋稿』

**** 첨정添丁은 아들을 뜻한다. 『고문진보』에 실려있는 한유韓愈의 시 '기노동奇盧仝'에 "지난해에 아들 낳아 첨정이라 이름 지었는데 나라 위해 농사 짓는 장정에 충당케 하려는 뜻이었네(去歲生兒名添丁 意令與國充耘耔)."라는 구절이 있다. 늙그막에 아들과 함께 시를 읊조리며 농사를 짓고 살고 싶다는 뜻으로 보인다.

***** 정약용丁若鏞의 『다산시문집』에도 '무파래고개巫巴來古介'가 나온다. 『다산시문집』에는 정약용이 1823년에 강원도 춘천 지방으로 여행한 기록인 「산행일기汕行日記」가 있는데, 이 중에 문암서원文巖書院에서 묵은 후 침목령樗木嶺을 넘는 장면이 다음과 같이 기록되어 있다. "21일, 일찍 출발했다. 구름이 끼어 비가 올 듯했으나 늦게 맑아지기 시작했다. 서원에서 한 굽이를 돌아 침목령樗木嶺(무파래고개巫巴來古介)을 넘었다(卄一日 早發 雲陰欲雨 晚始晴好 自書院小轉一曲 踰樗木嶺[巫巴來古介])." 문암서원은 춘천시 신북읍 용산리에 있던 서원이고, 용산리에서 인람역仁嵐驛이 있던 인람리로 넘어가는 고개가 지금도 '수청령水青嶺고개'라고 불리는 곳인데, 이곳을 정약용은 침목령樗木嶺이라고 적었던 것이다. 아마도 당시 '무푸레고개'라고 부르던 곳을 침목령樗木嶺으로 적었을 것이다. 또한 『목민심서』 형전刑典에서도 침목樗木으로 곤장을 만든다고 하면서, 그 껍질을 진피秦皮라고 하고 "방언으로 무파래無巴來"라는 주석을 달고 있다. 이로 보아 다산은 침樗을 물푸레나무로 인식하고 있었던 것이 틀림없다.

풍楓

봄꽃보다 붉은 풍은 어떤 나무일까?

당단풍나무(2020. 11. 2. 남양주 천마산)

내가 살고 있는 아파트 단지에 미국풍나무(*Liquidambar styraciflua* L.)가
여러 그루 자라고 있다. 미국에서 도입되어 우리나라에 드물게 심는 정원
수로 가을이면 단풍이 아름답다. 잎은 크게 5갈래로 갈라져서 음나무 같
기도 하고, 고로쇠나무 같기도 한 교목이다. 열매는 지름 3~4cm가량의
공 모양으로 표면에 날카로운 돌기가 촘촘히 나 있어 우둘투둘해 보인다.
벌써 꽤 세월이 흘렀지만, 이사 온 첫해 가을에 그 고운 단풍을 보고 반
해서 이곳저곳에 물어서 겨우 나무 이름을 알게 되었는데, 나무 이름에
단풍나무 풍楓 자가 쓰일 만하다고 생각했다.

미국풍나무 열매(2013. 11월. 성남)

미국풍나무 단풍(2021. 11. 13. 성남)

옛글의 나무를 찾아서

미국풍나무는 중국에서 풍향수楓香樹(*Liquidambar formosana*)로 부르는 나무와 같은 속이다. 아마도 풍향수를 우리나라에서 '풍나무'로 부르기 때문에 '미국풍나무'라는 이름이 붙었을 것이다. 중국 남부 지방과 타이완 등지에서 자생하는 풍나무는 잎 모양이 크게 3갈래로 갈라진다. 가로수나 정원수로 많이 심는 중국단풍(*Acer buergerianum*)이나 신나무(*Acer tataricum*) 잎 모양과 비슷하다. 열매 모양은 미국풍나무와 비슷하게 표면에 거친 가시가 밀생한다. 우리나라에는 자생하지 않지만 남부 지방에 일부 식재한다고 하는데 직접 확인하지는 못했다.

우리는 풍楓을 '단풍나무 풍'으로 읽고, 옛글에 풍楓이라는 글자가 나오면 흔히 단풍나무로 번역한다. 하지만 중국 고전의 경우 이 글자는 단풍나무가 아닐 가능성이 훨씬 더 크다. 『초사식물도감』과 『당시식물도감』, 『식물의 한자어원사전』도 풍楓을 풍향수楓香樹, 즉 풍나무로 해설하고 있다. 풍나무는 조록나무과 리퀴담바르속 나무로, 같은 풍楓 자를 쓰긴 하지만 시과翅果 열매를 맺는 단풍나무과 단풍나무속(*Acer*) 나무와는 판이하게 다르다.

그러므로 당시唐詩의 풍楓은 풍나무이다. 따라서 막연히 풍楓을 단풍나무로 이해하는 것은 잘못이라고 할 수 있다. 지금도 인구에 회자되는, "수레 멈추고 앉아 늦가을 풍림楓林을 즐기노라니, 서리 맞은 잎사귀가 봄꽃보다 붉구나(停車坐愛楓林晚 霜葉紅於二月花)."라는 두목杜牧(803~852)의 시 「산행山行」의 단풍도 풍나무 잎이 물든 것이다. 이른바 '가을 단풍이 봄꽃보다 붉다'고 할 때, 우리는 무의식적으로 단풍나무를 떠올리지만 중국에서는 풍나무를 떠올릴지도 모르겠다.

장계張繼(715~779)의 유명한 시, 「풍교에 밤에 배를 대고(楓橋夜泊)」의 풍교도 풍나무 숲이 있는 다리인데, 이 시를 임창순 번역으로 감상한다.

신나무 단풍(2020. 10. 25. 성남)

달 지고 까마귀 울며 거리는 하늘에 가득한데,	月落鳥啼霜滿天
강가 풍나무와 고기잡이 불이	江楓漁火對愁眠
근심 어린 잠을 대하였다.	
고소성 밖 한산사의	姑蘇城外寒山寺
한밤중 종소리가 나그네 배에 이른다.	夜半鐘聲到客船

이제 우리 고전에서 풍楓이 어떤 나무를 가리키는지 알아보자. 풍楓에 대해 한글 훈을 달아놓은 문헌으로 가장 오래된 것이 『훈민정음해례』인데, 여기에서는 "신 위풍爲楓", 즉 "풍楓을 '신'나무라고 한다."라고 기록하고 있다. 『훈몽자회』도 풍楓을 "신나모 풍, (중국) 민간에서 다조수茶條樹라고 한다. 또한 색목色木으로 부른다."*라고 했다. 중국에서 신나무(*Acer tataricum* L.)를 지금도 다조축茶條槭이라고 하는 것으로 보아, 최세진은 신나무를 풍楓으로 본 듯하다. 아마도 단풍나무속 중에서 잎 모양이 풍나무와 가장 유사하기 때문에 풍楓을 신나무라고 했을 가능성도 있다. 그러다가 『자전석요』에서 풍楓에 '단풍나무 풍'이라는 훈을 단 후부터 옥편이나 사전에서 일관되게 '단풍나무'라고 했다. 그러므로 조선시대에 풍

신나무 꽃(2018. 5. 1. 오산 물향기수목원)

楓을 신나무나 단풍나무로 본 것은 틀림없다고 하겠다.

풍楓이 단풍나무가 아닐 것이라고 의문을 제기한 문헌도 있다. 『전운옥편』에서는 "楓풍 섭橘이다. 백양白楊 비슷하며, 잎은 둥글고 갈라졌다. 진과 향기가 있다."**라고 글자를 해설했다. 유희의 『물명고』에서는 "풍楓, 나무가 백양白楊처럼 높고 크다. 잎은 원형이며 3갈래로 갈라진다. 꽃은 희고 열매는 오리알 정도 크기이며, 나뭇결은 푸른색이다. '고리신나무'로 향풍香楓, 청풍靑楓, 섭섭橘橘이다. 당시唐詩의 '햇살에 빛나는 단풍나무 모두 시드네(背日丹楓萬木凋).'라는 구절이 향풍香楓을 가리키는 것인지 모르겠다. 아니면 이른바 단풍이라는 나무가 따로 있어서 우리나라에서 부르는 단풍나무와 같은 것인가? 마수嗎手, 다조茶條를 진짜 풍楓나무로 알고 있지만 이는 잘못 아는 것이다."***라고 하여 풍楓이 우리가 말하는 단풍나무는 아닐 것이라고 주장하고 있다.

또한 『아언각비』에서 정약용도 풍楓을 단풍나무라고 하는 것은 믿을 수 없다고 하면서 다음과 같이 설명하고 있다. "풍楓을 단풍나무라고 하는

것도 믿을 만하지 않다. 『본초』와 『화경』 등 여러 책을 살펴보면, 모두 '2
월에 흰 꽃이 피고 나서 곧바로 열매가 맺히는데 용안龍眼(*Dimocarpus
longan*)처럼 둥글다. [『남방초목상』에서는 풍향수楓香樹라고 한다. 열매
가 오리알같이 크다.] 위에 날카로운 가시가 있어서 먹을 수 없다. 오직
불에 태워야 향기가 난다. 그 나무의 진을 백교향白膠香이라고 한다.'라고
말하고 있다. 우리 동방의 단풍나무는 꽃도 없고 열매도 없다. 또한 진이
나 아교도 없다. 오직 서리가 내린 후 잎이 붉어진다는 것만 여러 문헌과
일치할 뿐이다. 그리고 여러 책에서 그 나무 중 가장 큰 것으로는 동량의
재목으로 만들 수 있다고 했는데, 우리 동방의 단풍나무는 높이가 불과
한두 길(丈)이다. 북한산성의 단풍이 가장 아름다운데, 나무는 모두 나
지막하고 작다."****

유희나 정약용 등 일부 학자들이 풍楓이 '단풍나무'가 아니라고 논증했
지만, 『훈민정음해례』나 『훈몽자회』의 기록을 보면, 우리나라에서는
풍楓을 오랜 옛날부터 '신나무'나 '단풍나무'로 사용한 것은 부정할 수 없
다. 그러므로 이 글자는 중국 고전에 실려있으면 '풍나무'로, 우리나라 고
전에 쓰였으면 '신나무'나 '단풍나무'로 문맥을 잘 살펴서 이해해야 한다.

정태현은 『조선삼림식물도설』에서 신나무의 한자명으로는 풍수楓樹를
기재했고, 당단풍나무와 단풍나무의 한자명은 각각 당단풍唐丹楓과 단
풍丹楓을 들고 있다. 이런 점을 참고하여, 우리 고전의 풍수楓樹는 신나
무로, 단풍丹楓은 당단풍나무나 단풍나무로 보는 것도 좋을 것이다. 단
풍丹楓은 특정 나무가 아니라 가을에 잎이 물든 모습을 묘사하는 것일
수도 있다. 또한, 시어에서 단풍나무와 당단풍나무를 구분해야 할 필요
성은 적지만, 당단풍나무는 우리나라 전역에서 자생하는 데 반해 단풍
나무는 남부 지방과 제주도에만 자생하는 점도 고려할 필요가 있다.

『일성록』의 정조7년(1783) 9월 30일조에 다음과 같은 내용이 나온다. "내

당단풍나무 꽃(2017. 4. 22. 성남)

단풍나무 신록(2019. 4. 6. 해남)

(정조)가 훈련대장 구선복具善復(1718~1786)에게, '경모궁景慕宮 앞길에 나무를 심은 곳이 아직도 나무가 드문드문한 것이 근심스럽고, 유관문逌觀門 밖은 빈 땅이 너무 넓으니, 풍목楓木 종류를 모조록 많이 심는 것이 옳을 것이다.'라고 말하자, 구선복이 '이미 나무를 캐오도록 장교將校 몇 명을 북한산北漢山 근처에 보냈습니다.'라고 아뢰었다."***** 여기에서 정조가 말한 풍목楓木은 북한산에서 캐 오는 것으로 보아 신나무나 당단풍나무일 것이다.

사실 우리 고전의 풍楓, 풍목楓木, 풍수楓樹, 단풍丹楓이 각각 단풍나무 속 중 어떤 나무인지 밝히는 것은 사실상 불가능하다. 그러므로 이것을 신나무와 단풍나무로 구분하는 것이 무의미할지도 모르겠다. 그래도 최대한 추정해 본다면, 여말선초의 문신 조준趙浚(1346~1405)의 『송당집』에 실려있는 「풍수를 읊다(詠楓樹)」의 풍수楓樹는 신나무일 가능성이 있다. 그리고 상촌象村 신흠申欽(15661~1628)이 읊은, '동갑인 이해李海의 과천별장 8영(題李同年海 果川別業八詠)' 중 하나인 「양곡풍남陽谷楓楠」에서 단풍丹楓은 당단풍나무일 것이다. 이제 이 2수의 시를 감상하면서 글을 마무리한다.

풍수를 읊다(詠楓樹)

두 그루 신나무 너무 사랑스러워	酷愛雙楓樹
대나무 숲으로 옮겨 심어 두었네.	移根托竹林
서리 내리자 한쪽부터 붉어지는데	霜酣一片赤
주인 마음을 아는 듯하구나.	似識主人心

양곡의 단풍나무와 만병초(陽谷楓楠)

수많은 만병초들	千千石楠樹

당단풍나무 단풍(2020. 10. 10. 유명산)

사이사이로 단풍나무***** 가지들	間以丹楓枝
아늑한 양지 골짜기에서	窈窕陽之谷
가을이면 펼쳐진 비단을 보네.	秋看錦繡披

* 楓 신나모풍 俗呼茶條樹 又呼色木 -『訓蒙字會』

** 楓풍 欇也 似白楊 葉圓岐 有脂而香 -『全韻玉篇』

*** 楓 樹高大 似白楊 葉圓有三歧 花白 實大如鴨卵 木理靑色 고리신나무 = 香楓 靑楓 欇欇. 唐詩 背日丹楓萬木凋 之語 未知指香楓歟 抑別有所謂丹楓者 如東國所呼乎 蟆手茶條 遂認眞楓 誤矣 -『物名考』

**** 楓之爲楓 亦未可信 按本草及花鏡諸書 皆云 二月開白花 旋卽著實 圓如龍眼 [南方草木狀云楓香樹 子大如鴨卵] 上有芒刺 不可食 唯焚作香 其脂名曰白膠香 吾東之楓 無花無實 亦無脂膠 唯霜後葉赤 與諸文合耳 諸書又謂其樹最高大 可作棟梁之材 而吾東之楓 高不過一二丈 北漢山城丹楓最佳 而樹皆低小 -『雅言覺非』

***** 予謂訓將 具善復曰 景慕宮前路植木處 尙患稀疏 而至於迫觀門外 則隙地甚廣 如楓木之類 須爲多植可也 善復曰 已採木事 發遣數校於北漢近處矣 -『日省錄』

****** 중부 지방의 단풍丹楓은 당단풍나무일 가능성이 더 크지만 조선시대 문인들이 단풍나무와 당단풍나무를 구별하지 않고 단풍나무라고 불렀을 것이므로, 시 번역은 단풍나무로 한다.

해당 海棠

명사십리 해당화와 양귀비를 비유하는 해당

해당화(2021. 5. 23. 부안 변산)

해당화 피고 지는 섬마을에

철새 따라 찾아온 총각 선생님

열아홉 살 섬 색시가 순정을 바쳐

사랑한 그 이름은 총각 선생님

'해당화'로 시작하는 이미자의 노래 「섬마을 선생님」이다. 이 노래를 듣고
있자면 장미처럼 화려하지는 않지만 수수하게 아름다운 해당화 붉은 꽃
에서 섬 색시의 소박한 이미지를 느낀다. 해당화는 예부터 원산 명사십리

가 유명하다. "명사십리 해당화야 꽃 진다고 서러워 마라"로 시작하는 민요도 있고, "이별한 지 몇 해냐 두고 온 원산만아 해당화 곱게 피는 내 고향은 명사십리"라는 백설희의 노래 「명사십리」도 있다.

우리나라의 문헌을 살펴보면 고려시대부터 해당화(*Rosa rugosa*)를 해당海棠으로 부른 듯하다. 이덕무의 『청장관전서』 청비록淸脾錄에 "명사십리에 해당화 붉은데, 흰 갈매기 쌍쌍이 가랑비 사이로 날아가네(明沙十里海棠紅 白鷗兩兩飛疏雨)"가 고려의 중 선탄禪坦의 시로 인용되어 있기 때문이다. 이 시구는 안경점安景漸(1722~1789)의 유금강록遊金剛錄에도 인용되어 있는 등 조선시대 문인들에게 많이 알려져 있었다. 이 전통이 이어져, 1937년 『조선식물향명집』과 1943년 정태현의 『조선삼림식물도설』에서 'Rosa rugosa *Thunb.*'에 조선명 '해당화'를 붙인 듯하다.

지금도 우리는 명사십리에 피는 이 꽃을 해당화라고 하지만, 중국 고전에서 해당海棠 혹은 해당화海棠花는 『식물의 한자어원사전』 등을 살펴보면, 우리가 '중국꽃사과나무(*Malus spectabilis*)'라고 부르는 식물 을 가리

해당화(2019. 8. 18. 삼척) 정원수로 가꾸어져 있다.

해당화 열매의 겨울 모습(2017. 12. 31. 양양)

키므로 고전을 읽을 때 주의해야 한다. 우리가 관상수로 심는 서부해당화(*Malus halliana*)나 꽃사과나무류가 이와 비슷한 나무이다. 강희안姜希顏(1417~1494)의 『양화소록』이나 정약용의 『아언각비』를 보면 우리 문인들도 일찍부터 이 차이를 알고 있었다.

즉, 『양화소록』에서는 "세상 사람들은 꽃 이름과 품종에 대해 익히지 않아서, 산다山茶를 동백冬柏이라 하고, 자미紫薇는 백일홍, 신이辛夷는 향불向佛, 매괴玫瑰는 해당海棠, 해당은 금자錦子라고 한다. 같고 다름을 구별하지 못하고 참과 거짓이 서로 뒤섞이는 것이 어찌 꽃 이름뿐이겠는가. 세상의 일이 모두 이와 같다."*라고 했고, 『아언각비』에서는 "해당에는 서부해당西府海棠, 첩경해당貼梗海棠, 수사해당垂絲海棠, 목과해당木瓜海棠, 추해당秋海棠, 황해당黃海棠 등 여러 종류가 있다. 그 나무의 높이는 한두 길이 되고, 창주해당昌洲海棠은 그 나무가 한 아름 정도이다. … 우리나라 사람들이 매괴玫瑰 꽃을 해당으로 잘못 알고서 간혹 '금강산 바깥의 동해 바닷가에 모래 가운데 나는 꽃이 있는데 붉고 고와서 사랑할 만하다. 이것이 진짜 해당이다.'라고 말하지만, 이 또한 틀린 것이다. 매괴는 일명 배회화裵回花이고, 곳곳에 있다. 나무에 가시가 많고 장미꽃 종류이다.”**라고 밝히고 있는 것이다.

『중국식물지』를 보면, 서부해당은 ‘*Malus micromalus*’로 개아그배나무, 수사해당은 ‘*Malus halliana*’로 서부해당화, 목과해당은 ‘*Chaenomeles cathayensis*’로 중국명자꽃, 첩경해당은 ‘*Chaenomeles speciosa*’로 명자꽃(산당화)이다. 또한 추해당은 ‘*Begonia grandis*’로 현재 우리가 큰베고니아로 부르는 초본성 꽃이고, 황해당은 ‘*Hypericum ascyron* L.’로 물레나물이다. 그리고 ‘*Rosa rugosa*’는 매괴玫瑰라고 했다. 즉, 우리가 해당화라고 부르는 꽃을 중국에서는 옛날이나 지금이나 해당이라고 부르지 않고 매괴로 부르고 있는 것이다.

선인들의 필독서였던 『고문진보』에는 소식蘇軾(1036~1101)이 지은 「정혜원定惠院 해당海棠」이라는 시가 있는데, 중국 고전에서 해당의 용례를 이해하기 위해 일부를 감상해본다.

강성 땅엔 습기가 많아 초목이 무성한데	江城地瘴蕃草木
이름난 꽃이 그윽히 외로움을 견디며 있어라.	只有名花苦幽獨
대나무 울타리 사이에서 방긋 웃는 아리따운 모습에	嫣然一笑竹籬間
산 가득한 복사꽃 오얏꽃이 모두 속될 뿐이네.	桃李漫山總麤俗
알겠구나, 조물주께서 깊은 뜻이 있어서	也知造物有深意
가인을 조용한 골짜기로 보버렸음을.	故遣佳人在空谷
자연스럽고 부귀한 모습은 하늘이 낸 자태이너	自然富貴出天姿
금쟁반에 담겨 화옥에 바쳐질 날 기다리지 않네.	不待金盤薦華屋
붉은 입술로 술을 마셔 볼이 달아오른 듯	朱脣得酒暈生臉
푸른 소매 걷으니 붉은 살결 비취네.	翠袖卷紗紅映肉
깊은 숲 짙은 안개에 새벽빛 더디너	林深霧暗曉光遲
따뜻한 햇살, 산들바람에 봄잠이 족하구나.	日暖風輕春睡足

꽃사과나무 꽃(2019. 4. 21. 성남)

···

천애의 유배지에 떨어진 처지를 함께 생각하며　　天涯流落俱可念
한잔 술을 마시며 이 노래를 부르네.　　　　　　爲飮一樽歌此曲
내일 아침 술 깨어 홀로 돌아가볼 적에　　　　明朝酒醒還獨來
눈처럼 펄펄 꽃잎 떨어질까 어찌 차마 만지랴.　　雪落紛紛那忍觸

정혜원은 호북성湖北省 황주黃州에 있는 절로, 소식이 유배되어 임시로
거처한 곳이다. 이때 정원의 해당海棠을 보고 지은 시로, 해당海棠의 모습
을 다양하게 묘사하고 있다. 특히 꽃잎이 눈처럼 펄펄 날리며 떨어질 것
을 염려하는 마지막 구절에서 이 해당이 장미과의 해당화가 아님을 알
수 있다. 이 시의 해당화는 '중국꽃사과나무' 류일 것이다. 또한 소식은
「해당海棠」이라는 다음 시도 지었다.

봄바람 산들산들 환한 빛 감도는데　　　　　　東風嫋嫋泛崇光
향기로운 안개 자욱하고 달빛은 마루로 돌아드네.　香霧空濛月轉廊
밤 깊어지면 꽃이 잠들까 걱정되어　　　　　　只恐夜深花睡去

촛불 밝혀 높이 들고 붉은 모습 비춰보네.　　　故燒高燭照紅妝

재미있는 것은 『군방보』에 이 시에 얽힌 이야기가 나오는데, 다음과 같다. "동파東坡의 해당海棠 시에서 '밤 깊어지면 꽃이 잠들까 걱정되어 촛불 밝혀 붉은 모습 비춰보네(只恐夜深花睡去 故燒銀燭照紅妝).'라고 했는데, 이 고사는 「태진외전太眞外傳」에 보인다. 명황明皇이 침향정沈香亭에 올라 태진비太眞妃를 불렀는데, 이때에 태진은 새벽까지 취해 깨지 못하였다. 고역사高力士에게 명하여 시녀가 부축해 이르게 하니, 태진은 취한 얼굴에 화장이 지워지고 흐트러진 머리에 비녀는 비스듬하고 재배再拜도 못하였다. 명황이 웃으며 '어찌 비가 취한 것이겠는가. 해당이 잠이 부족한 것이지.'라고 말했다."*** 「태진외전」은 당 현종이 총애한 양귀비의 일대기를 그린 소설이다. 이러한 고사 때문에 해당海棠, 즉 '중국꽃사과나무'의 꽃은 술에 취해 잠든 양귀비를 비유하는 시어가 되었다. 하지만 이 사

「해당협접도」(북경고궁박물원, 남송시대)

해당화(2022. 5. 1. 안산 바다향기수목원)

과나무속(*Malus*)의 '해당海棠'은 우리가 아는 장미속(*Rosa*)의 해당화가 아니므로 오해하지 말아야 한다. 이는 중국에서 해당을 그린 그림 「해당 협접도海棠蛺蝶圖」 등을 보아도 분명히 알 수 있다. 마지막으로 조선 초기의 문신 성현成俔(1439~1504)의 시 「매괴玫瑰」를 읽어본다.

한 떨기 매괴 나무(一朶玫瑰樹)

사람들은 이를 해당화라고 하네.	人傳是海棠
빛나는 이슬은 꽃가루를 가볍게 씻고	露華輕洗粉
바람 결에 향기는 은은히 풍기네.	風骨細通香
처음엔 붉은 비단을 오렸나 싶더니	始訝紅羅翦
나중엔 비단 우산을 펼쳐놓았네.	終成錦繖張
너의 빼어난 아름다움을 사랑하니	憐渠矜絶艶
독서하는 책상 가까이에 피었구나.	開近讀書床

옛글의 나무를 찾아서

* 世人不習衆花名品 有以山茶爲多栢 紫薇爲百日紅 辛夷爲向佛 玫瑰爲海棠 海棠爲錦子. 同異莫辨 真僞相混 豈但花名而已哉 世上事皆類此. -『養花小錄』

** 海棠有數種 曰西府海棠 曰貼梗海棠 曰垂絲海棠 曰木瓜海棠 曰秋海棠 曰黃海棠 其樹高或一二丈 昌洲海棠 其木合抱 … 東人誤以玫瑰花爲海棠 又或云 金剛山外東海之濱 有花出於沙中 紅鮮可愛 此眞海棠 亦非也 玫瑰一名褻回花 處處有之 其木多刺 花類薔薇 -『雅言覺非』

*** 東坡海棠詩曰 只恐夜深花睡去 故燒銀燭照紅妝 事見太眞外傳 明皇登沉香亭 召太眞妃 於時卯酒醉未醒 命力士使侍兒扶掖而至 妃子醉顏殘妝 髮亂釵橫 不能再拜 明皇笑曰 豈妃子醉 直海棠睡未足耳. -『群芳譜』

화樺
겨울 낭만의 상징 자작나무

자작나무 겨울 숲(2022. 1. 8. 청태산)

동토의 겨울에 은빛으로 빛나는 끝없이 이어지는 자작나무 숲은 영화의 한 장면 같다. 자작나무 숲을 떠올리면 나도 모르게 낭만적인 분위기에 빠진다. 북부 유럽과 러시아, 중국, 일본 등 세계 여러 곳에 자라는 이 자작나무(*Betula pendula*)는 우리나라에서는 함경도의 고산지대에서 자란다. "산골집은 대들보도 기둥도 문살도 자작나무다"로 시작하는, 백석白石의 시 「백화白樺」는 함경남도 함주에서 쓰었다고 한다.

자작나무과에 속하고 수피가 회백색인 사스래나무가 남한의 고산지대에 자라고 있어서 자작나무로 오인하기도 하지만, 이 자작나무는 남한에는 자생하지 않는다. 하지만 우리는 도시의 공원에서 자작나무를 흔히 만날 수 있다. 정원수로 인기가 좋아서 많이 식재되는 나무이기 때문이다. 연인들이 손잡고 거닐며 낭만을 즐길 수 있는 곳으로 유명한 강원도의 어느 자작나무 숲도 모두 심어 가꾼 나무이다.

자작나무는 백석의 시 제목에서 볼 수 있듯이 한문으로 화樺 자를 쓴다. 자작나무 껍질은 화피樺皮라고 하는데, 기름기가 많아서 불에 잘 타기 때문에 화촉樺燭으로 만들어 썼고, 활 제작에서 활을 감는 용도로 쓰였다. 『훈몽자회』에서 화樺를 찾아보면 "봇화 속칭 화피목樺皮木"으로 나온다. 이 화피는 약재로도 쓰여서 『본초강목』에 화목樺木*으로 소개되어 있다. 『동의보감』에도 이 화목피樺木皮가 탕액 편에 등장하는데, 한글로 '봇'이라고 설명을 달아놓았다. 고어사전을 참조해보면 '봇'은 '자작나무'를 나타낸다. 가끔 이 '봇'을 '벗'으로 오해한 때문인지 화피樺皮를 '벚나무 껍질'로 설명하는 경우가 있는데, 이는 잘못이다.**

자작나무 숲(2021. 9. 4. 평창)

자작나무 겨울 모습(2022. 12. 10. 인제)

『동국여지승람』을 살펴보면, 토산품으로 화피樺皮를 생산하는 곳은 모두
함경도 아니면 평안도이다. 또한 남구만南九萬(1629~1711)의 『약천집』 연보

자작나무 수피(2019. 10. 27. 여주)

에 "화피樺皮는 본래 지극히 추운 곳에서 생산되는 것으로 본도에서 진상하는 것은 삼수와 갑산 두 고을, 혜산진惠山鎭과 운총보雲寵堡 두 진보에서 올리고 있습니다."라고 나온다. 그러므로 화피는 북쪽 지방에서 생산되었음을 알 수 있고, 벗나무 껍질이 아님을 알 수 있다. 벗나무는 평북, 함남 이남의 중부, 남부 지방의 낮은 산지에서 자라기 때문이다.

유희柳僖(1773~1837)는 『물명고』에서 "화목樺木, 우리나라 동북 지방에서 난다. 나무는 황색으로 반점이 있고 껍질은 두텁고 가벼우며 중첩해서 일어나고 매우 엷은 붉은색이 있다. 기물器物에 포개어 붙일 수 있다."***라고 설명하고 '봇나무'라고 우리말 훈을 달았다. 유희가 '봇나무'는 우리나라 동북 지방에서 나고 껍질이 중첩해서 일어난다고 기록한 것을 보면, 이 '봇나무'가 벗꽃이 피는 벗나무는 아니란 게 분명하다. 왜냐하면 벗나무는 껍질이 일어나지 않을 뿐 아니라 우리나라 전역에서 자생하기 때문이다.

그 후 옥편에서 혼선이 발생했다. 지석영의 『자전석요』에서 화樺를 '벗나무 화'라고 훈을 단 것이다. 대정2년 간행된 『한선문신옥편』에서도 '벗나무 화', 1935년 간행된 『한일선신옥편』에서도 '벗나무 화'이다. 한글학회에서 지은 사전에서도 1957년 간행된 초판본 『큰사전』부터 1991년 간행된 『우리말큰사전』까지 화피樺皮를 '벗나무의 껍질'로 한결같이 해설하고 있다. 재고가 필요한 사안이다. 다행히 『한한대자전』에서는 '자작나무 화'로 제대로 설명하고 있다.

특기할 점은 『물명고』의 표제항 화목樺木 부분에는 한글로 '자작나모'라고 설명한 사목沙木이 별도로 실려있다. 그러므로 유희는 봇나무와 자작나모를 비슷하지만 다른 나무로 봤을 가능성도 있다. 우리나라 북부 지방에서 자작나무와 같은 Betula 속의 교목으로는 물박달나무, 사스래나무, 거제수나무, 박달나무 등이 있는데, 거제수나무 수피가 넓게 잘 벗겨지고 붉은빛이 돌아, 위 화목樺木 수피 설명과 비슷하다. 당시에는 자작나무와 거제수나무를 구분하지 않았을 가능성도 배제할 수 없다.

이를 반영하듯, 정태현은 『조선삼림식물도설』에서 거제수나무(Betula costata Trautv.)에 대해 평안북도 방언으로 '자작나무', 강원도 방언으로 '무재작이'를 채록하여 병기했다. 또한 자작나무를 함경북도에서 '봇나무'로 통한다고 기록하고, 한자명은 '백화白樺, 백단목白檀木' 등이라고 했다. 이우철의 『한국식물명의 유래』에서도 정태현의 설을 이어받아 봇나무를 자작나무나 만주자작나무라고 이명으로 기록하고, 봇나무가 자작나무의 함북 방언이라고 했다.

사실 조선시대에 자작나무는 동북 지방에서만 볼 수 있는 나무였기 때문에 중부 지방 이남에는 다른 방언은 없었을 가능성이 크므로, 함경북도 방언이 채록되어 『훈몽자회』나 『동의보감』, 『물명고』 등에서 화樺의 우리말 이름이 되었을 것이다. 『중국식물지』에서 백화白樺의 학명을 찾아보면 Betula platyphylla로 자작나무임을 알 수 있으며, 일본에서도 화樺는

거제수나무 수피(2022. 12. 10. 인제)

자작나무를 가리킨다.

이제 백석白石보다 200여 년 먼저 함경도의 자작나무를 읊은 강좌江左 권

거제수나무(2021. 4. 10. 오대산) 수피가 넓게 벗겨진다.

만권萬(1688~1749)의 시 「말 위에서 읊다(馬上口占)」를 감상해본다. 이 시에는 「수주로 가는 조간의에게 드림(呈趙諫議愁州之行)」이라는 부제가 있다.

태백산 머리에서 봉황이 우니	太白岡頭一鳳鳴
우는 소리에 놀라 서울이 흔들렸네.	鳴聲驚動洛陽城
돌아오는 길 죽령에서 두 눈을 치뜨면	歸途竹嶺撑雙眼
남국의 산천은 유달리 맑으리라.	南國山川分外淸
두만강 천리에 저녁 구름 깔리고	豆江千里暮雲平
부자께서 살아계실 때, 또한 이 길을 갔네.	夫子明時又此行
수주의 학자들에게 물어보았으면,	憑問愁州諸學子
아직도 누군가 이 선생을 알고 있는지!	何人解識李先生
장백산에 자작나무가 많으니	長白山中多白樺
활을 치장하고 지붕도 덮는다.	粧弓仍復覆人家
그 덕에 습기를 막고 모두 변함이 없으니	由來燥濕皆無變

오랑캐 바람 두려워 않고 눈꽃을 보낸다.　　不怕胡風送雪花

이 시의 이해를 돕기 위해 배경을 간략히 소개한다. 수주慈州는 함경북도 최북단의 두만강 가에 위치한 종성鍾城의 별명이다. 조간의趙諫議는 옥천玉川 조덕린趙德鄰(1658~1737)으로, 경북 영양에서 출생하여 갈암葛庵 이현일李玄逸(1627~1704) 문하에서 공부한 유학자이다. 조덕린은 1725년 사간司諫 직을 사양하면서 올린 십조소十條疏에서 당쟁의 폐해를 논하고 노론의 득세를 비판한 내용 때문에 탄핵을 받아 68세의 고령에 함경도 종성으로 유배를 가게 된다. 이때 권만이 조덕린에게 보낸 시이다.

조덕린의 스승 이현일도 상소의 구절이 불손하다는 탄핵을 받고 1694년에 종성으로 귀양을 갔다. 유배지에서 이현일은 종성의 학자들에게『사서』와『주자서절요』등을 강의하여 북쪽 변경 지방의 학풍을 진작시켰다고 한다. 그러므로 이 시의 부자夫子와 이 선생은 모두 이현일을 존숭한 표현이다. 권만權萬은 이현일의 아들이자『주서강록간보』를 저술한 밀암密菴 이재李栽(1657~1730)의 제자이므로, 이러한 배경을 알고 이 시를 지었을 것이다. 이 시를 음미하고 있자면, 조선시대에 북풍한설이 몰아치는 우리나라 최북단 변경으로 유배를 가 심신이 지쳤을 많은 학자들을 따뜻한 온기로 위로해 준 나무가 바로 자작나무였을 것이라는 상상을 하게 된다.

권만은 장백산 지역에서 자작나무로 "활을 치장하고 지붕도 덮는다."라고 기록했는데, 김구 선생의『백범일지』에도 자작나무의 용도에 대한 흥미로운 기록이 실려있다. 견문을 넓히려고 남원 사는 김형진金亨鎭을 길동무 삼아 만주를 향해 하염없이 걸어가는, 우국충정으로 가득찬 젊은 시절의 김구를 떠올리며 해당 구절을 읽어본다.

"우리가 단천 마운령을 넘어서 갑산읍에 도착한 것이 을미년(1895) 7월이

거제수나무 숲(2021. 4. 10. 오대산)

었다. 여기 와서 놀란 것은 개와를 인 관청을 제하고는 집집마다 지붕에 풀이 무성하여서 마치 사람 아니 사는 빈 터와 같은 것이었다. 그러나 뒤에 알고 보니 이것은 지붕을 덮은 봇껍질을 흙덩이로 눌러놓으면 거기 풀이 무성하여서 아무리 악수가 퍼부어도 흙이 씻기지 아니하게 된 것이라고 한다. 봇껍질은 희고 **빤빤하고** 단단하여서 개와보다도 오래간다 하며 사람이 죽어 봇껍질로 싸서 묻으면 만년이 가도 해골이 흩어지는 일이 없다고 한다. 혜산진에 이르니 압록강을 사이에 두고 만주를 바라보는 곳이라 건너편 중국 사람의 집에 짖는 개의 소리가 들렸다. 압록강도 여기서는 걷고 건널 만하였다.”

이런 사연들을 읽으니, 자작나무가 화촉樺燭을 밝히는 데 쓰이는 낭만의 상징일 뿐 아니라, 북풍한설 속에서도 치열한 우리네 삶을 지켜주는 따뜻한 나무임을 알 수 있다. 이 자작나무를 남한에서는 자생하는 모습을 못 보니 아쉬움이 크다. 대신 매끄럽고 잘 벗겨지는 수피를 가진 거제수나무가 평안도에서 자작나무로 불리었다고 하므로, 거제수나무의 겨울 모습을 감상하면서 아쉬움을 달래본다.

*『중약대사전』을 찾아보면, 『본초강목』의 화목樺木의 학명을 *Betula platyphylla* Suk. var. *japonica*(Sieb.) Hara로 설명하는데, 이는 자작나무를 가리킨다. 『중국식물지』에서는 *Betula platyphylla* Suk.을 중국명으로 백화白樺, *Betula pendula* Roth는 수지화垂枝樺로 구별하고 있지만, 『한국의 나무』에서는 이 둘을 같은 종으로 보고 자작나무(만주자작나무)로 보고 있다.

**『전운옥편』을 보면 화樺의 "껍질을 활에 붙일 수 있다(皮可貼弓)"라고 했다. 원래 자작나무 껍질을 민어부레로 만든 풀을 사용하여 활에 붙임으로써 습기를 방지하는 용도로 썼는데, 벗나무 껍질을 대용으로 사용하게 되면서 화피樺皮를 벗나무 껍질로 이해하게 된 듯하다.

*** 樺木, 出我東北道 木色黃有斑點 皮厚而輕 重疊起之 紅色甚薄 可褙器物 -『物名考』

황유 黃楡

무늬가 아름다운 최고의 목재 느티나무

느티나무(2021. 11. 6. 아산 공세리성당)

2018년 12월 말에 경주를 방문했을 때 유서 깊은 계림鷄林을 홀로 거 닌 적이 있다. 계림은 경주 김씨 시조의 탄생 설화가 서려 있고, 신라시 대부터 있던 숲으로 1,000년이 훨씬 넘은 숲인데, 수령 1,300여 년을 추 정하는 회화나무가 아직 생명을 유지하고 있었고, 왕버들과 느티나무 (*Zelkova serrata*) 고목들이 고색창연하게 한겨울을 견디고 있었다. 회 화나무는 중국이 원산지로 알려져 있으므로 신라인이 심었을 터이다. 1,300년이나 되었다니 놀라움을 금할 수 없었다. 하지만 왕버들과 느티 나무는 우리나라에 자생하므로 원래 계림을 구성하는 나무였을 가능성이 큰데, 이 숲이 지나온 오랜 세월을 가늠해보면서 느티나무 숲을 감상했다. 계림의 대표적 수종인 느티나무는 전국적으로 마을의 당나무로 가장 많이 보호되는, 우리 민족의 삶과 오랜 인연을 맺어온 나무이다. 임경빈의 『천연기념물-식물편』을 보면, 1993년 당시까지 13건의 느티나무가 천연기념물로 지정되어, 은행나무 19건, 소나무 17건에 이어 3번째로 많은 것에서도 이를 알 수 있다. 느티나무가 우리나라 고전 속에서 어떻게 표현되는지 살펴본다.

한국고전번역원의 '한국고전종합DB'에서 느티나무로 번역된 글자를 찾아 보면 괴槐, 괴수槐樹, 유楡, 거欅 등이다. 괴槐나 괴수槐樹는 비록 일부에서 느티나무로 사용한 용례가 있다 하더라도 회화나무로 봐야 하고, 유楡도 느릅나무과의 비술나무이므로 거欅가 느티나무일 것으로 추정할 수 있다. 우리나라 현대 식물 분류 연구가 처음 이루어진 일제강점기의 느티나무 한자명 표기를 살펴보자. 조선어학회에서 1936년에 초판을 발행한 『사정한 조선어 표준말 모음』을 보면 '느티나무'는 규목槻木이라고 했다. 조선박물연구회가 1937년에 발간한 『조선식물향명집』에서는 느티나

느티나무 숲(2018. 12. 26. 경주 계림)

느티나무 잔가지 모습(2020. 3. 28. 성남 분당중앙공원)

무를 거欅로 기록했다. 그 후에 발간된『조선삼림식물도설』을 보면, 느티나무의 한자명으로 괴목槐木, 규목槻木, 거欅, 계유鷄油, 궤목樻木 등을 들고 있다. 궤목樻木은 궤樻를 만드는 나무라는 뜻이 내포되어 있으므로, 느티나무가 가구를 만드는 데 사용되었다는 사실에서 유래된 듯하다.

조선시대 사전류 문헌에도 느티나무가 나오는데,『훈몽자회』에서는 '황유수黃楡樹 누튀나모'로 나온다.『고어사전』을 보면, 1690년간『역어유해』를 인용하여 황괴수黃槐樹를 '느틔나모'라고 했다. 유희柳僖는『물명고』에서 "괴槐의 음이 회懷라는 것은 세상 사람들이 다 아는 것인데 사가四佳 서거정徐居正이 이유 없이 '느틔괴'라고 해서 훗날 민간에서 잘못 알게 되었음은 어찌된 일인가?"*라고 하면서 괴槐를 '회화나모'라고 밝히고, 대신 황유黃楡를 '느틔'라고 했다.『훈몽자회』와『물명고』를 따르면 조선시대에 느티나무를 황유黃楡로 표기했던 것은 사실이라고 할 수 있다.

『중국식물지』에서는 느티나무를 거수欅樹로 적고, 이명으로 광엽거光葉欅, 계유수鷄油樹, 광광유光光楡 등을 나열하고 있다. 또한 우리나라에는

느티나무 잎과 열매(2019. 6. 8. 성남)

자라지 않지만, 느티나무와 같은 속의 나무로 중국명 대엽거수大葉欅樹
(*Zelkova schneideriana*)가 있다. 이 나무의 이명이 황치유黃梔榆인데, 조
선시대 문헌에서 황유黃榆라고 한 것과 인연이 있을지도 모른다. 일본에
서도 느티나무를 게야키けやき라고 하고, 한자로 거欅를 쓴다. 이로 보면
우리나라 고전에서 느티나무는 거欅, 황유黃榆 등으로 표현했고, 일부에
서 잘못 혼동하여 괴목槐木으로 썼다고 할 수 있을 것이다. 황유黃榆를
'누런 느릅나무'로 번역하는 경우가 있는데, 이는 문맥을 검토하여 신중
을 기해야 할 것이다. 이제 내용으로 보아 느티나무가 분명한 '황유黃榆'
라는 제목의 시를 읽어본다. 이학규李學逵(1770~1835)의 『낙하생집』에 나
온다.

판청 누각의 동쪽 머리 연무 깊은 곳	官閣東頭煙霧深
꾀꼬리 울고 비둘기 흐느끼는 새벽은 침침한데	鶯啼鳩咽曉沈沈
남쪽에서 가져와 심은 나무가 아주 크게 자랐구나.	南來木植渾奇大
느티나무 한 그루 그늘이 다섯 이랑에 드리우네.	一樹黃榆五畝陰

느티나무 단풍(2021. 11. 6. 아산 공세리성당)

고전에 가끔 '황유새黃楡塞', 혹은 '백초황유白草黃楡'라는 글귀가 나오기
도 한다. 이것은 황유黃楡라는 나무가 중국 동북·화북 지방 등 변경에
많이 자라는 데서 기인한 표현인데, 느티나무인지 확인하지 못했다. 일
부 한의학 문헌은 황유黃楡를 무이蕪荑(*Ulmus macrocarpa*, 왕느릅나무)
의 이명으로 보는 곳도 있다. 한편 조선시대 문헌에 거류欅柳도 나오는데,
이 나무는 현재 중국굴피나무(*Pterocarya stenoptera*)로 중국명 풍양楓楊
이라고 한다.『한국의 나무』에 의하면 중국굴피나무는 중국 원산으로 우
리나라에는 정원수로 식재되고 있어서, 조선시대에 많이 심어졌을 것 같
지는 않다.『광재물보』를 보면, 거欅와 거류欅柳를 같은 나무로 보고, "우
리나라의 '오리나무'가 아닐까 생각된다"고 했다.『물명고』는『본초강목』
을 인용하여, "거류欅柳는 버들이라고 하지만 버들이 아니고, 회화나무라
고 하지만 회화나무가 아니다. 가장 큰 것은 크기가 대여섯 장丈이다. 어
린 껍질은 고리짝을 두르는 데 쓴다. 목재는 홍자색으로 상자나 책상을
만들고, 잎을 따서 달콤한 차를 만든다. 이에 의거해보면 느티나무(黃楡)
에 가까운 것 같다."**라고 했다. 이런 사정을 감안하면, 거류欅柳는 중국
문헌에 바탕을 둔 글이 분명할 경우에는 '중국굴피나무'일 가능성이 있

중국굴피나무(2020. 7. 19. 청계산)

느티나무(2018. 5. 26. 안동 하회마을 삼신당) 수령 600여 년이다.

느티나무(2021. 6. 5. 강화도 전등사)

지만 그렇지 않을 경우에는 '느티나무' 혹은 '느티나무와 버드나무'로 이해하는 것이 좋을 것이다.

내가 안동에서 만난 느티나무로는 하회마을 삼신당의 600여 년 된 고목과 도산면 온혜리 온계종택 뒤의 울퉁불퉁한 느티나무가 있다. 하회마을의 느티나무는 풍산류씨 입향조인 류종혜柳從惠가 심었다고 전해진다. 몇 해 전 겨울, 양평에서 상록공방을 운영하는 친구의 목재 창고를 방문한 적이 있다. 그때 안동에서 가져왔다는, 태풍에 부러진 느티나무 고목가지를 자른 목재를 감상했다. 수백 년 세월을 담고 있는 나뭇결 무늬가 환상적이었다. 이 느티나무 목재는 워낙 귀한 것이라서, 작품으로 출품할 가구의 앞면에 그 결을 살려서 사용할 거라고 한다. 과연 『큰사전』의 느티나무 설명처럼, "재목은 누르스름하고, 단단하고, 나무 결이 아름다워서, 가구나 건축 재료로 많이 쓰인다"는 것을 확인할 수 있었다.

형암炯庵 이덕무李德懋(1741~1793)의 『청장관전서靑莊館全書』에 나오는 글 하나를 소개한다. 제목이 「황유 책상 명(黃楡几銘)」인데, 황유는 느티나무일 것이다. 이 시에는 "우리 집에 옛날 책상이 있는데 큰 책을 지탱할 만하다(余家有古几 可支大卷)."라는 설명이 붙어있다.

느티나무를 베어	劉黃楡
네 다리를 갖추었네.	具四脚
바탕도 윤택하고	質又澤
너비도 한 자가 넘네.	其廣踰尺
그 쓰임을 알아보면	究其用
책상이지	書几也
바둑판은 아니네.	非棋局

* 槐, 懷者仝 葉如苦參 樹極大而皮黑 花黃結角 회화나모 槐音懷 擧世知之 而徐四佳無端以爲느티괴 遂誤後俗 何也 −『物名考』

** 欅柳, 謂柳非柳 謂槐非槐 最大者 高五六丈 取嫩皮緣栲栳 木肌紅紫作箱案 采葉爲甜茶 据此 如黃楡近似 = 鬼柳 −『物名考』

회檜
정원수로 사랑받으며 향으로 쓰인 향나무

향나무(2018. 5. 27 안동 도산서원)

향나무(*Juniperous chinensis* L.)는 겨울에도 잎이 지지 않고 푸르러 옛날부터 관상용으로 정원에 심어 가꾸어왔고, 현재에도 대표적인 정원수로 사랑받고 있다. 어린 시절 나는 가끔 종조부님댁 제사에 참례했는데, 종조부님께서 향합에서 잘게 쪼개놓은 향나무를 꺼내어 향을 피우셨던 기억이 난다. 제사 때 향으로 쓰는 나무라서 진작부터 알던 나무이고, 내가 사는 아파트 단지에도 향나무가 많다. 몇 해 전 식물에 관심을 기울이면서부터 그냥 지나치지 않고 자세히 살펴보기 시작했다. 따사로운 봄날, 인편으로 연결된 잎끝에 달리는 구화수毬花穗도 관찰하고, 콩알만 한 구과毯果가 영글어가는 모습도 새로운 시선으로 바라보았다.

향나무를 글자 그대로 한문으로 옮기면 향목香木이 된다. 1937년에 출간된 『조선식물향명집』을 보면 향나무의 한자명을 '향목香木'이라고 기재하고 있으므로, 식물 종으로의 향나무를 가리키기도 한다. 하지만 고전에서 향목은 침향목沈香木이나 단향목檀香木, 초계椒桂 등 향기가 좋은 나무를 가리키는 경우도 많다. 그렇다면 고전에서 향나무는 어떻게 표기되었을까?

우리나라 최초의 식물도감이라고 할 수 있는 1943년판 정태현의 『조선삼림식물도설』에서는 Juniperous chinensis L.의 조선명으로 '향나무'와 '노송나무', 그리고 한자명으로 향목香木뿐 아니라 백전栢槇, 원백圓柏, 원송圓松, 회檜, 회백檜柏, 관음백수觀音柏樹 등 16가지 이름을 열거하고 있다. 해방 후 1957년 간행된 『한국식물도감』에도 향나무의 이명으로, 노송나무, 백전栢槇, 향목香木, 원백圓柏, 회檜 등 18가지를 적어두었다. 한자명이 너무 많아서 이 명칭의 전거를 모두 살펴보기는 어렵다. 이 중 회檜는 정

향나무 암나무(2020. 1. 18. 남한산성)

약용이 『아언각비』에서 당시 '젓나무'로 잘못 쓰이는 글자라고 설명하는 과정에서, 만송蔓松, 노송老松과 함께 다음과 같이 등장한다.

"회檜나무는 지금의 이른바 만송蔓松이다. 속칭 노송老松이다. 서리고 얽혀 취병翠屛(생울타리)이나 취개翠蓋가 되는 것이 이것이다. 지금 민간에서 삼목杉木을 회檜(젓나무)로 잘못 알고 있다. 시인들은 매번 곧은 줄기가 하늘로 뻗은 나무를 보고 회檜라고 읊는데 이는 크게 잘못된 것이다. 이 병은 이미 고질이 되어 한마디 말로는 근절시킬 수가 없다. … '본초'에서 이르기를 백栢(측백나무)은 그 나무가 우뚝하고 곧으며, 줄기는 곧게 자라는 경우가 많으나 가지는 덩굴과 비슷하다. 껍질은 얇고 목질은 매끄럽다. 꽃은 자잘하고 열매는 작은 방울 같은 구형이다. 서리가 내린 후 4쪽으로 갈라지고 안에 밀 낱알 크기의 씨앗 몇 개가 들어있고, 향내를 아낄 만하다. 측백나무 잎에 소나무 줄기가 회檜이다. … 이렇게 여러 글을 살펴보면 회檜가 지금 말하는 만송蔓松임을 알 수 있다. 그것이 여러 층을 이루며 똑바로 위로 자라는 나무(젓나무)와 서로 가까운 것이 무엇이 있겠는가?"*라고 했다.

즉, 정약용은 회檜가 젓나무가 아니라 만송蔓松 혹은 노송老松이라고 했다. 정약용과 동시대를 산 이충익李忠翊(1744~1816)의 『초원유고』에 "만송蔓松을 두루 심어 담장을 두르고(遍揷蔓松繞屋垣)"라는 시구가 나온다. 이충익은 이 만송에 대해 "민간에서 원백圓柏 가운데 덩굴진 것을 만송蔓松이라고 한다."**라는 주석을 달고 있다. 원백圓柏은 향나무를 가리키므로 정약용도 회檜를 당시 민간에서 노송老松이라고 부르던 향나무로 봤을 것이다.

반부준의 『시경식물도감』에도 회檜는 중국명으로 원백圓柏인, 향나무(*Juniperous chinensis* L.)로 설명하고 있다. 『식물의 한자어원사전』은 회檜를 중국에서는 원백圓柏, 즉 향나무로, 일본에서는 편백(*Chamaecyparis*

옛글의 나무를 찾아서

obtuse, 히노끼)을 가리킨다고 한다.

정약용이 『아언각비』에서 잘못이라고 지적했지만, 많은 사람들은 회檜를 전나무로 쓴 듯하다. 아마 『훈몽자회』에서 "檜 젓나모 회, 중국 민간에서 회송檜松 또는 원백圓柏이라고 한다."라고 표기한 데서 유래했을 수도 있다. 『물명고』에는 원백圓柏은 '노송'이며, 회檜, 괄栝과 같은 것이라는 설명이 나온다. 『자전석요』에는 "檜 괄(회) 백엽송신柏葉松身 로송나무 괄", 1913년에 간행된 『신옥편』에는 "檜 로송나무 회", 1935년에 간행된 『한일선신옥편』에는 "檜 전나무 회", 현대의 민중서림 『한한대자전』을 보면 "노송나무 회"로 나온다. 이로 보면, 조선시대에 향나무를 노송나무라고 불렀음을 알 수 있다. 하지만 노송老松은 말 그대로 '늙은 소나무'를 가리킬 수도 있으므로, 문맥을 잘 살펴야 한다. 강희안姜希顔(1417~1464)의 『양화소록』 첫머리에도 노송老松이 나오는데 이 노송은 문맥으로 보아 늙은 소나무를 뜻한다고 한다.

『일성록』의 정조 10년 병자(1786) 부분에, 월송만호越松萬戶 김창윤金昌胤이 울릉도鬱陵島를 조사한 내용을 보고하고 있는데, 여기에 울릉도의 나무를 열거하고 있다. 즉, "대풍소待風所에서 바라보니, 수목으로는 동백나무(冬栢), 측백나무(側栢), 향목香木, 단풍나무(楓木), 회목檜木, 음나무(欀木), 오동나무(梧桐), 뽕나무(桑), 유楡, 단목檀木이 있었으며"***가 나온다. 당시 울릉도는 숲이 울창했을 것인데, 공교롭게도 향목香木과 회목檜木이 모두 등장하고 있다. 울릉도에 향나무가 자생하고 있고 천연기념물 48호로 지정된 향나무 숲이 있는 점을 감안하면, 향목은 향나무일 것이고, 회목檜木은 전나무를 표현한 것으로 보인다. 그러나 울릉도에는 전나무가 자생하지 않으므로, 울릉도 식생을 고려할 때 회목檜木은 '솔송나무'일 가능성이 크고, 아마도 솔송나무 거목을 전나무로 오해했을 것이다.****

전나무 숲(2021. 5. 8. 영월 장릉습지)

전나무 침엽(2020. 10. 2. 인제 개인산)

이렇듯, 우리 고전에서 회檜는 전나무를 뜻하는 경우가 많다. 하지만『시경』등 중국 고전에 나오는 회檜는 향나무로 이해하는 것이 옳을 것이다. 『시경』위풍의 시「낚싯대(竹竿)」를 읽어본다.

가늘고 긴 낚싯대 들고	籊籊竹竿
기수에 앉아 낚시질 하네.	以釣于淇
어찌 그대를 생각 않으랴만	豈不爾思
너무 멀어서 만날 수가 없네.	遠莫致之
...	
기수 강물은 아득히 흐르는데	淇水滺滺
향나무 노 저으며 소나무 배를 탔네.	檜楫松舟
이 배나 타고 나가 노닐며	駕言出遊
나의 이 시름 달래 볼꺼나.	以寫我憂

한편 원백圓柏은 항상 '향나무'를 가리켰던 듯하다. 김창업金昌業 (1658~1721)의『노가재집』에는 회檜와 원백圓柏을 읊은 시가 나란히 실려 있는데, 다음과 같다.

회檜

연못 가운데로 향나무를 옮겨 심었네.	移檜植池中
깊숙이 박힌 푸른 돌도 있구나.	深蟠蒼石在
진정 관유안管幼安*****처럼	正如管幼安
검은 모자 쓰고 북해에 숨어 살리라.	皁帽隱北海

원백圓柏

원백도 향나무 종류이지만	圓柏亦類檜

울릉도 자생종 솔송나무(2021. 8. 15. 춘천 제이드가든)

곧게 자라는 것이 조금 다를 뿐이네.	惟直爲少別
세상 사람들이 그 심재를 취해서	世人取其心
자단 대신 향 피울 때 사용한다네.	充作紫檀爇

원백圓栢도 회檜 종류라고 했으므로 둘 다 향나무일 것이다. 연못 가운데 푸른 돌 옆에 심었다고 하므로 회檜는 낮게 자라는 향나무 종류로 보이고, 원백은 곧게 자라는 향나무로 보인다. "자단紫檀 대신 향 피울 때 사용한다"고 하니, 어린 시절 종조부님 댁에서 본 향합 속의 향나무 조각들이 떠오른다.

* 檜者 今之所謂蔓松也 [俗所云老松] 蟠結爲翠屛翠蓋者也 今俗誤以杉木爲檜 [젓나무] 詩人每見直幹干霄之木 詠之爲檜 大非也 此病已錮 非片言可折 … 本草云(檜)其樹聳直 [其幹多直上 其枝似蔓] 其皮薄 其肌膩 其花細瑣 其實成毬 狀如小鈴 霜後四裂 中有數子 大如麥粒 芬香可愛 柏葉松身者檜 … 按此諸文 檜之爲今所云蔓松審矣 其有與層累直上之木[젓나무] 一毫相近者乎 - 『雅言覺非』(참고: 본초 인용 부분은 『본초강목』의 柏에 나오는데, 本草云檜는 마땅히 本草云柏이어야 한다.)

향나무 고목(2018. 11. 3. 창경궁)

** 遍揷蔓松繞屋垣. 俗以圓柏之蔓者爲蔓松 -『椒園遺藁』

*** 自待風所 望見樹木 則多栢側栢香木楓木檜木檵木梧桐桑楡檀木 -『日省錄』

**** 정태현은 나까이(T. Nakai)와 함께 1917년 5~6월에 울릉도의 식생에 대한 정밀조
사를 했다고 한다. 그의『조선삼림식물도설』에는 각 종별 분포도가 실려있는데, 울릉도에
자생하는 침엽수로는 주목, 향나무, 솔송나무, 소나무, 섬잣나무만 기재되어 있다. 또한
이우철이 쓴『식물의 고향 울릉도』에도 침엽수로는 솔송나무, 섬잣나무, 주목, 향나무, 소
나무만 등장한다.

***** 유안幼安은 관영管寧(162~245)의 자. 관영은 중국 삼국시대 위魏 나라의 학자로,
황건적의 난이 일어났을 때 공손도公孫度의 풍도를 듣고 요동遼東으로 옮겨 살면서 시
서詩書를 강론하고 예의禮儀를 강명하여 그곳의 민풍民風을 크게 진작시켰다. 요동에
은거하면서 여러 차례 조정의 부름을 받고도 나아가지 않았으며, 항상 검은 사모紗帽를
쓰고 목탑木榻에 앉아 고결한 모습을 보였으므로 세상에서 현자로 칭송했다는 고사가
전해진다.

참고문헌

· 가람문선文選, 李秉岐, 신구문화사, 1966
· 계몽편언해啓蒙篇諺解, 高敬相 編輯, 三文社, 昭和十年(1937)
· 고어사전古語辭典, 南廣祐 編著, 교학사, 2009
· 국가생물종지식정보시스템(http://www.nature.go.kr/)
· 국가표준식물목록(개정판), Checklist of Vascular Plants in Korea, 국립수목원, 2017
· 국가표준재배식물목록(개정), Standard Checklist of Cultivated Plants in Korea, 국립수목원, 2016
· 국문학정화國文學菁華 (卷上), 梁柱東, 民衆書館, 1954, 再版
· 꽃다발 – 한국여류시찬역韓國女流詩撰譯, 金岸曙 譯編, 新丘文化社, 1965
· 나무백과(2), 任慶彬 著, 일지사, 1997(6쇄본, 1982 초판)
· 나무백과(3), 任慶彬 著, 일지사, 1999(4쇄본, 1988 초판)
· 나무백과(4), 任慶彬 著, 일지사, 2007(3쇄본, 1997 초판)
· 나무백과(5), 任慶彬 著, 일지사, 2002(2쇄본, 1997 초판)
· 내고장 용인龍仁 지지총람地誌總覽 – 향토문화자료8, 李仁寧 엮음, 龍仁文化院, 1991.
· 녹효방錄效方(素樵鈔畧), 李鐘震, 1873(조민제 복사본, 2018)
· 다산시선茶山詩選, 丁若鏞 著, 宋載邵 譯註, 창작과비평사, 1981
· 당시식물도감唐詩植物圖鑑 – 莺飞草長, 杂树生花, 潘富俊 著, 九州出版社, 2014
· 당시정해唐詩精解, 任昌淳 著, 學友社, 1956
· 당시정해唐詩精解, 任昌淳 著, 소나무, 1999(증보신판)
· 대한식물도감, 이창복, 향문사, 1985
· 도해본초강목圖解本草綱目, 李時珍 著, 고문사, 1993(영인본)
· 동의보감탕액편東醫寶鑑湯液篇(完營重刊本 1754), 韓國語學資料叢書 第六輯(II), 太學社, 1986(영인본)
· 맹자집주孟子集註 – 懸吐完譯, 成百曉 譯註, 傳統文化研究會, 1991
· 명물기략名物紀略, 黃泌秀 著, 박재연·구사회·이재흥 校註, 學古房, 2015
· 목간에 비친 고대 일본의 서울 헤이조쿄, 사토 마코토 지음, 송완범 옮김, 성균관대학교출판부, 2017
· 물명고物名考 – 진주유씨 서파유희전서 I(晋州柳氏 西陂柳僖全書 I), 韓國學資料叢

書 38, 韓國學中央研究院, 2007
· 백범일지白凡逸志, 金九, 白凡金九先生紀念事業協會(1968년 7판)
· 북경삼림식물도보北京森林植物圖譜 - Plants in Beijing, 王小平 外 著, 科學出版社, 2008
· 사정한 조선어 표준말 모음, 조선어학회, 1945
· 산림경제山林經濟, 洪萬選 著, 韓國近世社會經濟史料叢書 III 農書2, 서울아세아문화사, 1981(영인본)
· 삼국사기三國史記 - 完譯 三國史記 附原文, 金富軾 著, 金鍾權 譯, 先進文化史, 1960
· 삼국유사신역三國遺事新譯, 釋一然 著, 李家源 譯, 太學社, 1991
· 삼재도회三才圖會, 王圻, 王思義 編, 全三冊, 影印本, 上海古籍出版社, 1988
· 선한약물학鮮漢藥物學 - 化學基本, 韓道濬·金壽萬 共編, 李觀泳 監修, 杏林書院, 1937
· 성어식물도감成語植物圖鑑 - 字里行間, 草木皆兵, 潘富俊 著, 九州出版社, 2014
· 시경, 이가원, 허경진 공찬, 청아출판사, 1991
· 시경식물도감詩經植物圖鑑 - 美人如詩 草木如織, 潘富俊 著, 九州出版社, 2014
· 식물명감植物名鑑 - 訂正增補 圖解, 東京博物學研究會編, 山内繁雄校訂, 1924
· 식물의 한자어원사전(植物の漢字語源辭典), 加納喜光 著, 東京堂出版, 2008
· 신생영한사전新生英韓辭典 - NEW LIFE ENGLISH-KOREAN DICTIONARY, 류형기柳瀅基 편집(HYUNGKI J. LEW Editor), NEW LIFE PRESS, 1946
· 신씨본초학申氏本草學, 改訂增補, 申佶求 著, 壽文社, 1982
· 아언각비雅言覺非 - 이담속찬耳談續纂, 丁若鏞 저, 丁海廉 역주, 現代實學社, 2005
· 약용식물도감, 이창복 편찬, 농촌진흥청, 1971
· 양화소록養花小錄 - 선비, 꽃과 나무를 벗하다, 강희안 저, 이종묵 역해, 아카넷, 2012
· 어제아송御製雅頌, 朱熹, 正祖命撰(목판본)
· 완당평전 1, 2, 유홍준, 학고재, 2002
· 우리 나무의 세계 1, 2, 박상진, 김영사, 2011
· 우리 나무 이름 사전, 박상진, 눌와, 2019
· 우리말 큰사전(전 4권), 한글학회, 어문각, 1991
· 이아주소爾雅注疏 - 제자백가의 나침반, 崔亨柱 李俊寧 편저, 자유문고, 2001
· 일본식물도감日本植物圖鑑, 牧野富太郎 著, 北隆舘, 1925.
· 일본식물도감日本植物圖鑑-牧野(學生版), 牧野富太郎 著, 北隆舘, 1961(T. Makino's A Concise Pictorial Flora of Japan, for the use of Students, Amateurs and Plant Lovers, The Hokuryukan & Co., Ltd., Tokyo.)
· 자전석요字典釋要 - 增補, 池錫永, 光武十年, 1906(1912 증보판)
· 전운옥편全韻玉篇 上·下(2冊), 木版本

- 제자백가중국철학서전자화계획諸子百家中國哲學書電子化計劃(https://ctext.org/zh)
- 제중신편濟衆新編, 康命吉 撰,(1799), 通文館, 1968(영인본)
- 조선산야생식용식물朝鮮産野生食用植物, 林業試驗場報告 第三十三號, 朝鮮總督府林業試驗場, 1942
- 조선식물도설朝鮮植物圖說 - 유독식물편有毒植物編, 도봉섭都逢涉 심학진沈鶴鎭 공저, 1948
- 조선식물명집朝鮮植物名集 I 草本篇, Nomina Plantarum Koreanum, 朝鮮生物學會 篇, 正音社, 1949
- 조선삼림식물도설朝鮮森林植物圖說, 鄭台鉉 著, 朝鮮博物研究會, 1943
- 조선식물향명집朝鮮植物鄕名集, 鄭台鉉·都逢涉·李德鳳·李徽載 共編, 朝鮮博物研究會, 1937
- 조선의성명씨족에관한연구조사朝鮮の姓名氏族に關する硏究調査, 朝鮮總督府中樞院, 1934(1984년 民俗苑 영인본)
- 조선후기한자어휘검색사전朝鮮後期漢字語彙檢索辭典 - 물명고物名考·광재물보廣才物譜, 鄭良婉·洪允杓·沈慶昊·金乾坤, 韓國精神文化硏究院, 1997
- 주해천자문註解千字文 - 懸吐完譯, 成百曉 譯註, 傳統文化硏究會, 1999
- 주해훈민정음注解訓民正音, 附錄- 訓民正音 影印本, 金敏洙 著, 通文館, 1971(3판)
- 중국식물지中國植物志(http://www.iplant.cn/frps)
- 중약대사전中藥大辭典, 도서출판 醫聖堂, 1994(영인본 4책)
- 중약채색도집中藥彩色圖集, 中華人民共和國藥典中藥彩色圖集, 廣東科技出版社, 1990
- 천연기념물 - 식물편, 임경빈 지음, 대원사, 1993
- 초사, 굴원·송옥 외 지음, 권영호 옮김, 글항아리, 2015
- 초사식물도감楚辭植物圖鑑 - 草木零落, 美人遲暮, 潘富俊 著, 九州出版社, 2014
- 치자꽃 향기 코끝을 스치더니 - 서울대 교수들과 함께 읽는 한시명편 1, 이병한 엮음, 민음사, 2000
- 큰사전(전6권), 한글학회, 을유문화사, 1957
- 퇴계시역주退溪詩譯注, 李家源, 이가원전집 제24집, 정음사, 1987
- 한국고서평석韓國古書評釋, 安春根, 同和出版公社, 1986
- 한국고전종합DB, 한국고전번역원(http://db.itkc.or.kr/)
- 한국본초도감韓國本草圖鑑, 安德均 著, 教學社, 1998
- 한국수목도감韓國樹木圖鑑, 임업시험장林業試驗場, 이창복 편찬, 1966
- 한국식물도감韓國植物圖鑑 목본부木本部, 鄭台鉉 著, 理文社, 1974, 三版
- 한국식물도감韓國植物圖鑑 하下, 鄭台鉉 著, 新志社, 1956.
- 한국식물도감, 이영노, 주상우 공저, 서울 대동당, 1956

· 한국식물명의 유래, 이우철 지음, 일조각, 2005
· 한국식물의 고향, 이우철 지음, 일조각, 2008
· 한국 식물 이름의 유래 - 조선식물향명집 주해서, 조민제, 최동기, 최성호, 심미영, 지용주, 이웅 편저, 이우철 감수, 심플라이프, 2021
· 한국의 나무 - 우리 땅에 사는 나무들의 모든 것, 김태영, 김진석, 돌베개, 개정신판, 2018
· 한국의 들꽃 - 우리 들에 사는 꽃들의 모든 것, 김진석, 김종환, 김중현, 돌베개, 2018
· 한국의 들꽃과 전설 - 푸른 눈의 여인이 그린, 플로렌스 헤들스톤 크레인 지음, 최양식 옮김, 선인, 2008(원제: Flowers and Folk-lore from far Korea, Mrs. Florence Hedleston Crane, Sanseido, 1931)
· 한반도 자생식물 영어이름 목록집, 산림청 국립수목원, 2015
· 한선문신옥편漢鮮文新玉篇 卷上·下, 玄公廉 著作兼發行, 徽文館, 大正二年(1913)
· 한어림漢語林 改訂版, 鎌田 正·米山寅太郎 著, 大修館書店, 平成 四年
· 한일선신옥편漢日鮮新玉篇 上·下, 附音編, 博文書館編輯部 編纂, 博文書館, 1935
· 한한대자전漢韓大字典, 李相殷 監修, 民衆書林, 1991
· 향약집성방鄕藥集成方, 朝鮮秘藏古版醫書叢刊第一輯, 杏林書院, 1944
· 화암수록花菴隨錄 - 꽃에 미친 선비, 화훼백과를 쓰다, 유박 지음, 정민 김영은 손균익 외 옮김, Humanist, 2019
· 화하만필花下漫筆, 文一平(1888~1936) 著, 三星文化文庫 19, 三星美術文化財團 發行, 1972.
· 환경부 국립생물자원관(https://species.nibr.go.kr/)
· 훈몽자회訓蒙字會, 崔世珍, 大提閣, 1973(영인본, 1527 저)
· 훈몽자회주해訓蒙字會注解, 박성훈 편저, 태학사, 2013
· Plants Database - USDA Natural Resources Conservation Service
  https://plants.sc.egov.usda.gov/java/
· Plants of the World online, Kew's science data online
  http://www.plantsoftheworldonline.org/
· Selected Poems and Pictures of the Song Dynasty(精選宋詞與宋畵), 許淵冲, China Intercontinental Press, 2011
· The Plant List, A working list of all plant species
  http://www.theplantlist.org/
· The World Encyclopedia of Trees, Tony Russell & Catherine Cutler, Armadillo, 2012, Printed in Egypt
· The World Flora Online(WFO) http://www.worldfloraonline.org/

부록

한자 식물명 일람표

[한] 우리나라에서 통용되는 이름
[중] 우리나라에 없는 나무의 경우 중국명 기재(한글 추천명이 있는 경우 별도 표기)
[일] 일본에서 통용되는 이름

[ㄱ]

가궤 만주개오동 *Catalpa bungei* C. A. Mey.

가궤 차나무 *Camellia sinensis* (L.) Kuntze

가경자嘉慶子 자두나무/오얏나무 *Prunus salicina* Lindl.

감당甘棠 [중] 두리杜梨/당리棠梨 *Pyrus betulifolia* Bunge

거欅/거수欅樹 느티나무 *Zelkova serrata* (Thunb.) Makino

거류欅柳 중국굴피나무 *Pterocarya stenoptera* C. DC.

거상화拒霜花 부용 *Hibiscus mutabilis* L.

견우牽牛 나팔꽃 *Ipomoea nil* (L.) Roth

계계桂 육계나무/계피나무 *Cinnamomum cassia* Presl.

계계桂 [일] 계수나무 *Cercidiphyllum japonicum* Siebold & Zucc.

계계桂 목서 *Osmanthus fragrans* (Thunb.) Lour.

계화桂花 목서 *Osmanthus fragrans* (Thunb.) Lour.

고춘栲 가죽나무 *Ailanthus altissima* (Mill.) Swingle

고련苦楝 멀구슬나무 *Melia azedarach* L.

고유姑榆 왕느릅나무 *Ulmus macrocarpa* Hance

곡穀 꾸지나무 *Broussonetia papyrifera* (L.) L'Her. ex Vent.

곡槲 떡갈나무 *Quercus dentata* Thunb.

괴괴槐 회화나무 *Styphnolobium japonicum* (L.) Schott 이명 *Sophora japonica* L.

귤橘 귤나무/온주밀감 *Citrus unshiu* (Yu.Tanaka ex Swingle) Marcow.

극棘 묏대추나무 *Zizyphus jujuba* Mill. var. *spinosa* (Bunge) Hu & C.H.Chow

근槿 무궁화 *Hibiscus syriacus* L.

[ㄴ]

납매蠟梅 납매 *Chimonanthus praecox* (L.) Link

내柰 사과나무 *Malus pumila* Mill.

노귤盧橘 [중] 금귤金橘 *Fortunella margarita* (Lour.) Swingle

노귤盧橘 [한] 비파나무 *Eriobotrya japonica* (Thunb.) Lindl.

노목櫨木 [한] 녹나무 *Cinnamomum camphora* (L.) J. Presl

노송老松 [한] 향나무 *Juniperus chinensis* L.

뉴杻 찰피나무 *Tilia mandshurica* Rupr. & Maxim.

[ㄷ]

다茶 차나무 *Camellia sinensis* (L.) Kuntze

다매茶梅 애기동백나무 *Camellia sasanqua* Thunb.

단椴 피나무 *Tilia amurensis* Rupr.

단檀 [중] 청단青檀 *Pteroceltis tatarinowii* Maxim.

단檀 [한] 박달나무 *Betula schmidtii* Regel

단향檀香 [중] 단향檀香 *Santalum album* L.

당棠 [중] 두리杜梨/당리棠梨 *Pyrus betulifolia* Bunge

도桃 복사나무 *Prunus persica* (L.) Batsch

당리棠梨 [한] 아그배나무 *Malus sieboldii* (Regel) Rehder

동桐 참오동나무(오동나무) *Paulownia tomentosa* (Thunb.) Steud.

동桐 벽오동 *Firmiana simplex* (L.) W.Wight

동백冬柏 [한] 동백나무 *Camellia japonica* L.

두杜 [중] 두리杜梨/당리棠梨 *Pyrus betulifolia* Bunge

두중杜仲 두충 *Eucommia ulmoides* Oliv.

두체杜棣 [한] 들쭉나무 *Vaccinium uliginosum* L.

두충杜沖 [한] 두충 *Eucommia ulmoides* Oliv.

[ㄹ]

력櫟 상수리나무 *Quercus acutissima* Carruth.

련楝 멀구슬나무 *Melia azedarach* L.

련蓮 연꽃 *Nelumbo nucifera* Gaertner

류柳 버드나무 *Salix pierotii* Miq.

[ㅁ]

만년송萬年松 [한] 눈향나무 *Juniperus chinensis* L. var. *sargentii* A. Henry

만송蔓松 향나무 *Juniperus chinensis* L.

매梅 매화/매실나무 *Prunus mume* (Siebold) Siebold & Zucc.

매괴玫瑰 해당화 *Rosa rugosa* Thunb.

모형牡荊 목형 *Vitex negundo* var. *cannabifolia* (Siebold & Zucc.) Hand.-Mazz.

모형牡荊 좀목형 *Vitex negundo* L.

목근木槿 무궁화 *Hibiscus syriacus* L.

목란木蘭 백목련 *Magnolia denudata* Desr.

목부용木芙蓉 부용 *Hibiscus mutabilis* L.

목서木犀 목서 *Osmanthus fragrans* (Thunb.) Lour.

목필木筆 자목련 *Magnolia liliiflora* Desr.

무고無姑 왕느릅나무 *Ulmus macrocarpa* Hance

[ㅂ]

백柏 측백나무 *Platycladus orientalis* (L.) Franco.

백柏 [한] 잣나무 *Pinus koraiensis* Siebold & Zucc.

백양白楊 은백양 *Populus alba* L.

백양白楊 [한] 사시나무 *Populus tremula* var. *davidiana* (Dode) C.K.Schneid. 이명 *Populus davidiana* Dode

백유白榆 비술나무 *Ulmus pumila* L.

벽려薜荔 [중] 벽려薜荔 *Ficus pumila* L.

벽오碧梧 벽오동 *Firmiana simplex* (L.) W. Wight

벽오동碧梧桐 벽오동 *Firmiana simplex* (L.) W. Wight

부상扶桑 하와이무궁화 *Hibiscus rosa-sinensis* L.

보리수菩提樹 인도보리수 *Ficus religiosa* L.

보리수菩提樹 [한] 보리자나무 *Tilia miqueliana* Maxim.

부용芙蓉 부용 *Hibiscus mutabilis* L.

부용芙蓉 연꽃 *Nelumbo nucifera* Gaertner

분粉 비술나무 *Ulmus pumila* L.

비榧 비자나무 *Torreya nucifera* (L.) Siebold & Zucc.,

비榧 [중] 비수榧樹 *Torreya grandis* Fort. ex Lindl. (한글추천명: 큰비자나무)

비파枇杷 비파나무 *Eriobotrya japonica* (Thunb.) Lindl.

빈과頻果 사과나무 *Malus pumila* Mill.

빈파蘋婆/頻婆 사과나무 *Malus pumila* Mill.

[ㅅ]

사계화四季花 [한] 월계화 *Rosa chinensis* Jacq.

산다山茶 동백나무 *Camellia japonica* L.

산다화山茶花 동백나무 *Camellia japonica* L.

산다화山茶花 [일] 애기동백나무 *Camellia sasanqua* Thunb.

산상山桑 산뽕나무 *Morus bombycis* Koidz.

산수유山茱萸 산수유 *Cornus officinalis* Siebold & Zucc.

산앵山櫻 벚나무 *Prunus serrulata* Lindl. f. *spontanea* (Maxim.) Chin S.Chang 이명 *Prunus serrulata* Lindl. var. *serrulata*

산앵山櫻 산벚나무 *Prunus sargentii* Rehder

산유자山柚子 [한] 조록나무 *Distylium racemosum* Siebold & Zucc.

산조酸棗 묏대추나무 *Zizyphus jujuba* Mill. var. *spinosa* (Bunge) Hu & C.H.Chow

삼杉 [일] 삼나무 *Cryptomeria japonica* (Thunb. ex L. f.) D. Don

삼杉 [한] 잎갈나무 *Larix gmelinii* (Rupr.) Kuzen.

삼杉 [중] 삼목杉木 *Cunninghamia lanceolata* (Lamb.) Hook.(한글추천명: 넓은잎삼나무)

상桑 뽕나무 *Morus alba* L.

상체常棣 이스라지 *Prunus japonica* Thunb. var. *nakaii* (H. Lev.) Rehder

생강목生薑木 [한] 생강나무 *Lindera obtusiloba* Blume

생강수生薑樹 [한] 생강나무 *Lindera obtusiloba* Blume

석남石楠/石南 [중] 석남石楠 *Photinia serrulata* Lindl.

석남石楠/石南 [한] 만병초 *Rhododendron brachycarpum* D. Don ex G. Don.

송松 소나무 *Pinus densiflora* Siebold & Zucc.

수류垂柳 수양버들 *Salix babylonica* L.

수사동垂絲桐 개오동 *Catalpa ovata* G. Don

수사해당垂絲海棠 서부해당화 *Malus halliana* Koehne

수양垂楊 수양버들 *Salix babylonica* L.

수양水楊 [중] 홍피류紅皮柳 *Salix sinopurpurea* C. Wang et Ch. Y. Yang.

수양水楊 [한] 갯버들 *Salix gracilistyla* Miq.

수유茱萸 쉬나무 *Euodia daniellii* (Benn.) Hemsl.

수청목水青木 [한] 물푸레나무 *Fraxinus rhynchophylla* Hance

순순舜 무궁화 *Hibiscus syriacus* L.

시柿 감나무 *Diospyros kaki* Thunb.

식수유食茱萸 머귀나무 *Zanthoxylum ailanthoides* Siebold & Zucc.

신이辛夷 자목련 *Magnolia liliiflora* Desr.

신이辛夷 [한] 개나리 *Forsythia koreana* (Rehder) Nakai

[ㅇ]

아해鵝孩 [한] 생강나무 *Lindera obtusiloba* Blume

아회阿灰/阿回 [한] 생강나무 *Lindera obtusiloba* Blume

앵櫻 앵도나무 *Prunus tomentosa* Thunb.

앵櫻 [일] 왕벚나무 *Prunus* × *yedoensis* Matsum.

앵도櫻桃 앵도나무 *Prunus tomentosa* Thunb.

앵액櫻額 귀룽나무 *Prunus padus* L.

앵액櫻額 [한] 들쭉나무 *Vaccinium uliginosum* L.

야장미野薔薇 찔레꽃 *Rosa multiflora* Thunb.

양楊 [중] 청양青楊 *Populus cathayana* Rehd.(한글추천명: 중국황철나무)

양류楊柳 수양버들 *Salix babylonica* L.

양매楊梅 소귀나무 *Myrica rubra* (Lour.) Siebold & Zucc.

여지荔枝 리치 *Litchi chinensis* Sonn.

연교連翹 [한] 개나리 *Forsythia koreana* (Rehder) Nakai

연교連翹 당개나리 *Forsythia suspensa* (Thunb.) Vahl

염廉 몽고뽕나무 *Morus mongolica* (Bureau) C.K.Schneid.

오梧 벽오동 *Firmiana simplex* (L.) W. Wight

오동梧桐 벽오동 *Firmiana simplex* (L.) W. Wight

오수유吳茱萸 오수유 *Tetradium ruticarpum* (A.Juss.) T.G.Hartley

오엽송五葉松 잣나무 *Pinus koraiensis* Siebold & Zucc.

옥란玉蘭 백목련 *Magnolia denudata* Desr.

용목龍目 용안 *Dimocarpus longan* Lour.

용안龍眼 용안 *Dimocarpus longan* Lour.

욱리郁李 이스라지 *Prunus japonica* Thunb. var. *nakaii* (H. Lev.) Rehder

원백圓柏 향나무 *Juniperus chinensis* L.

월계화月季花 월계화 *Rosa chinensis* Jacq.(일반명: 장미)

유榆 비술나무 *Ulmus pumila* L.

유榆 [한] 느릅나무 *Ulmus davidiana* Planch. var. *japonica* (Rehder) Nakai

육박六駁 육박나무 *Litsea coreana* H. Lev.

율栗 밤나무 *Castanea crenata* Siebold & Zucc.

의椅 만주개오동 *Catalpa bungei* C. A. Mey.

의椅 [일] 이나무 *Idesia polycarpa* Maxim.

이梨 배나무 *Pyrus pyrifolia* var. *culta* (Makino) Nakai

이李 자두나무/오얏나무 *Prunus salicina* Lindl.

이樲 묏대추나무 *Zizyphus jujuba* Mill. var. *spinosa* (Bunge) Hu ex Chow

이극樲棘 묏대추나무 *Zizyphus jujuba* Mill. var. *spinosa* (Bunge) Hu ex Chow

이년목二年木 [한] 가시나무 *Quercus myrsinifolia* Blume

임금林檎 능금나무 *Malus asiatica* Nakai

[ㅈ]

자柘 꾸지뽕나무 *Maclura tricuspidata* Carrière

자단紫檀 [중] 자단紫檀 *Pterocarpus indicus* Willd

자미紫薇 배롱나무 *Lagerstroemia indica* L.

자유刺楡 시무나무 *Hemiptelea davidii* (Hance) Planch

자형紫荊 박태기나무 *Cercis chinensis* Bunge

작柞 산유자나무 *Xylosma congesta* (Lour.) Merr.

장樟 녹나무 *Cinnamomum camphora* (L.) J. Presl

재梓 개오동 *Catalpa ovat*a G. Don

저楮 꾸지나무 *Broussonetia papyrifera* (L.) L'Her. ex Vent.

저楮 닥나무 *Broussonetia kazinoki* Siebold

저樗 가죽나무 *Ailanthus altissima* (Mill.) Swingle

전단栴檀 [중] 단향檀香 *Santalum album* L.

전단栴檀 [일] 멀구슬나무 *Melia azedarach* L.

조棗 대추나무 *Ziziphus jujuba* Mill. var. *inermis* (Bunge) Rehder

조리稠李/稠梨 귀룽나무 *Prunus padus* L.

지枳 탱자나무 *Citrus trifoliata* L.

진榛 개암나무 *Corylus heterophylla* Fisch. ex Trautv.

[ㅊ]

척촉躑躅 철쭉 *Rhododendron schlippenbachii* Maxim.

천축계天竺桂 생달나무 *Cinnamomum yabunikkei* H.Ohba

첩경해당貼梗海棠 명자꽃 *Chaenomeles speciosa* (Sweet) Nakai

청동靑桐 벽오동 *Firmiana simplex* (L.) W. Wight

체화棣華 이스라지 *Prunus japonica* Thunb. var. *nakaii* (H. Lev.) Rehder

초초椒 초피나무 *Zanthoxylum piperitum* (L.) DC.

추추楸 만주개오동 *Catalpa bungei* C. A. Mey.

추추楸 [한] 가래나무 *Juglans mandshurica* Maxim.

추樞 시무나무 *Hemiptelea davidii* (Hance) Planch

추해당秋海棠 큰베고니아 *Begonia grandis* Dryand.

축杻 [한] 싸리 *Lespedeza bicolor* Turcz.

춘춘椿 참죽나무 *Toona sinensis* (Juss.) M.Roem.

춘춘椿 [일] 동백나무 *Camellia japonica* L.

춘유春榆 느릅나무 *Ulmus davidiana* Planch. var. *japonica* (Rehd.) Nakai

침梣/침목梣木 물푸레나무 *Fraxinus rhynchophylla* Hance

[ㅍ]

포도蒲萄 포도 *Vitis vinifera* L.

포류蒲柳 [한] 갯버들 *Salix gracilistyla* Miq.

포류蒲柳 [중] 홍피류紅皮柳 *Salix sinopurpurea* C. Wang et Ch. Y. Yang.

포동泡桐 [중] 포동泡桐 *Paulownia fortunei* (Seem.) Hemsl.

풍楓 [중] 풍향수楓香樹 *Liquidambar formosana* Hance.(한글추천명: 풍나무)

풍楓 [한] 신나무 *Acer tataricum* L. subsp. *ginnala* (Maxim.) Wesm.

풍楓 [한] 단풍나무 *Acer palmatum* Thunb.

풍楓 [한] 당단풍나무 *Acer pseudosieboldianum* (Pax) Kom.

[ㅎ]

해당海棠 [한] 해당화 *Rosa rugosa* Thunb.

해당海棠 [중] 해당화海棠花 *Malus spectabilis* (Ait.) Borkh.(한글추천명: 중국꽃사과나무)

해송海松 잣나무 *Pinus koraiensis* Siebold & Zucc

행杏 살구나무 *Prunus armeniaca* L.

행채荇菜 노랑어리연꽃 *Nymphoides peltata* (S.G.Gmel.) Kuntze

허栩 상수리나무 *Quercus acutissima* Carruth.

형荊 목형 *Vitex negundo* var. *cannabifolia* (Siebold & Zucc.) Hand.-Mazz.

형荊 [한] 싸리 *Lespedeza bicolor* Turcz.

화樺 자작나무 *Betula pendula* Roth

황단黃檀 [중] 황단黃檀 *Dalbergia hupeana* Hance

황매黃梅 [한] 생강나무 *Lindera obtusiloba* Blume

황유黃楡 [한] 느티나무 *Zelkova serrata* (Thunb.) Makino

황해당黃海棠 물레나물 *Hypericum ascyron* L.

회檜 향나무 *Juniperus chinensis* L.

회檜 [한] 전나무 *Abies holophylla* Maxim.

찾아보기

옛글의 나무를 찾아서

옛글의 나무를 찾아서

옛글의 나무를 찾아서

권경인 지음

초판 1쇄 발행 2023년 8월 29일
   2쇄 발행 2024년 11월 5일

펴낸이 이민·유정미
편집 최미라
디자인 오성훈

펴낸곳 이유출판
주소 34630 대전시 동구 대전천동로 514
전화 070-4200-1118
팩스 070-4170-4107
전자우편 iu14@iubooks.com
홈페이지 www.iubooks.com
페이스북 @iubooks11
인스타그램 @iubooks11

ⓒ권경인 2023
ISBN 979-11-89534-44-8(03480)

정가 24,000원

본 도서는 카카오임팩트의 출간 지원금을 받아 만들어졌습니다.